当通过跑步构建成自律属性之后,
在对待任何一个目标的时候,都会相信努力和奋斗的意义。

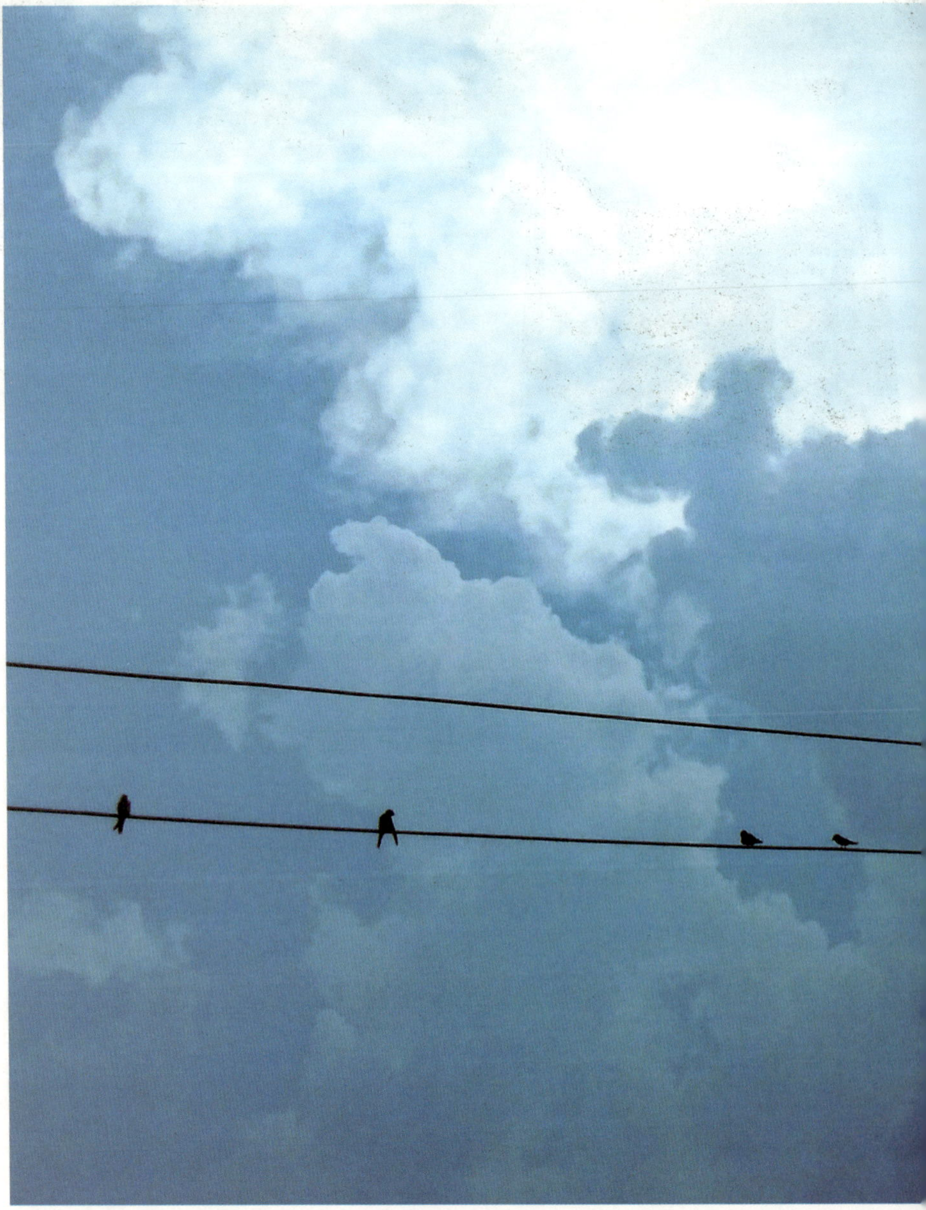

那些不动声色就搞定一切的人，往往看起来云淡风轻，但背后却暗潮汹涌。他们不是不曾失败，而是失败了更多次之后，才拥有了可以成功的经验和积累。

不以努力为荣，也不以堕落为耻，
或许只要试着把努力的时间拉长一点，
一切都可以迎刃而解了。

SHEDEDUIZIJIXIAHENSHOU,
SHENGHUOCAIHUIDUINIWENROU

舍得对自己下狠手，
生活才会对你温柔

Kris在路上 著

古吴轩出版社
中国·苏州

图书在版编目（CIP）数据

舍得对自己下狠手，生活才会对你温柔 / Kris在路上著 . — 苏州：古吴轩出版社，2018.11（2019.8重印）

ISBN 978-7-5546-1245-3

Ⅰ . ①舍… Ⅱ . ①K… Ⅲ . ①成功心理—通俗读物 Ⅳ . ①B848.4-49

中国版本图书馆CIP数据核字（2018）第250075号

责任编辑：蒋丽华
见习编辑：沈师仔
策　　划：孙倩茹
彩插摄影：夏　超
装帧设计：八　牛

书　　名：	舍得对自己下狠手，生活才会对你温柔
著　　者：	Kris在路上
出版发行：	古吴轩出版社

地址：苏州市十梓街458号　　邮编：215006
Http：//www.guwuxuancbs.com　　E-mail：gwxcbs@126.com
电话：0512-65233679　　传真：0512-65220750

出 版 人：	钱经纬
经　　销：	新华书店
印　　刷：	天津旭非印刷有限公司
开　　本：	880×1230　1 / 32
印　　张：	8.375
版　　次：	2018年11月第1版
印　　次：	2019年8月第2次印刷
书　　号：	ISBN 978-7-5546-1245-3
定　　价：	42.80元

如发现印装质量问题，影响阅读，请与印刷厂联系调换。022-22520876

目录 CONTENTS

CHAPTER 01

多少大获全胜，靠的都是咬牙死撑

自律十多年，是一种怎样的体验？ // 002
如何用 30 天变成一个超级自律的人？ // 010
从十八线小镇到一线城市，我如何从倒数第一逆袭成市优秀毕业生 // 017
从中年大叔到"花样美男"，跑步真能给人带来那么大变化吗？ // 025
我们都患了一种病，叫间歇性努力症 // 032
"我好累！""那你干吗还不睡？" // 040
因为这一件事，我把混乱无聊的生活变得无比有趣 // 046
在这个人人"累成狗"的时代，怎样坚持读书？ // 054
如何优雅而决绝地做事？ // 063
那些不动声色就搞定一切的人到底有多酷 // 067

CHAPTER 02

快速成长，把注意力放在自己身上

076 // 你那么着急想要答案，其实只是需要一个肯定而已

080 // 世界太芜杂，如何找回我们的专注力

086 // 唯有前行，可破焦虑

093 // 真正的"学霸"是什么样子的？

100 // 不要屏蔽你的"黑历史"

103 // 当你处于人生低谷时，往哪里走都是向上爬

109 // 如果只凭兴趣，你注定一事无成

114 // 你焦虑，是因为你太闲了

120 // 习惯晚睡，大概是因为不敢结束今天的浑浑噩噩，也不敢
　　　　开始明天的庸庸碌碌

CHAPTER 03

比你聪明的人，都在下笨功夫

那个比你成绩差的人，为什么比你先升职？ // 126

10个500强企业录取通知，教给我的人生至理 // 131

请不要总是坐在最后一排 // 139

看不透这些，跳再多次槽也会往下掉 // 145

职场上，有两种人最可惜 // 152

厉害的人，从不找"烂借口" // 158

别总做思想上的巨人，行动上的矮子 // 163

CHAPTER 04

认真生活的人,从来不会被辜负

170 // 人缘好的人,都有这 7 种思维方式

175 // 学会"冷处理",搞定那些难缠的人

181 // 你的界限感,决定了你的幸福感

187 // 提高强势力,做"霸气"十足的自己

192 // "你弱你有理,我强我活该?"

195 // 我不要过"听话"的一生

204 // 别在最该狂飙突进的年纪,追求平凡可贵

211 // 别让梦想成为你无能的借口

CHAPTER 05

十年后的你，
一定会感谢今天跟命运死磕的自己

我没考上好大学，就该万劫不复吗？// 218

每天往返于公司与蜗居的北上广生活，买了房又能怎样？// 222

你总说"开心就好"，却依然不开心也不够好 // 227

为什么我总是这么"Low"？// 233

没有野蛮生长，何谈精耕细作？// 238

99.9% 的优秀还不够吗？// 244

格局决定结局 // 247

CHAPTER 01 \ 舍得对自己下狠手,生活才会对你温柔

多少大获全胜,靠的都是咬牙死撑

那些不动声色就搞定一切的人,

往往看起来云淡风轻,但背后却暗潮汹涌。

他们不是不曾失败,而是失败了更多次之后,

才拥有了可以成功的经验和积累。

舍得对自己下狠手，
生活才会对你温柔

自律十多年，是一种怎样的体验？

前段时间我整理书柜，偶然间翻到了大一时的一个笔记本，本子上落满了灰，纸也已经泛黄。扉页上写着"不能不趁三十之前立志猛进也"，后边是自己的签名和写这句话的时间：2005年12月3日。

一眨眼的时间，十多年已经过去了。十多年前，我开始逼自己过一种自律的生活，发誓要在30岁之前野蛮生长；而十多年后的今天，我已经30岁了，现在的我虽然没有大富大贵，但却过得问心无愧。

因为，这十多年的自律生活，让我活出了自己想要的模样。

◆ 1 ◆

从小县城来的"学渣"到北京能逆袭成为"学霸"吗？

十多年前，我从一个十八线小县城来到了还没有雾霾的北京，经

CHAPTER / 01

历了第一年令人震撼与迷茫的大学生活和城市生活，总有产生一种隐隐作祟的自卑感，然后看到了"不能不趁三十之前立志猛进也"这句话，于是下定决心要严以律己。

第一年：我经历了迷茫、困惑、沉淀、思考等几个阶段。

第二年：我决定要做学生工作，于是成了最年轻的学生会主席；我喜欢唱歌，于是拿到了学校"十佳歌手"的称号；我热爱表达，于是成了校园"优秀主持人"。

第三年：我手里攥着包括学生工作、社会实践、唱歌、主持等几乎所有领域的奖状和证书，但唯独缺少一个奖学金的荣誉，于是我辞掉了所有的学生工作，放弃了所有的娱乐，通过一年的勤奋学习，拿到了全系第二名的好成绩，并顺利获得了一等奖学金。

第四年：在选择保研时，我毅然决定支教一年，然后风尘仆仆地来到山西一个国家级贫困县的村庄学校，志愿支教一整年，最后获得了"中国优秀志愿者"的称号。

毕业时，我成了全系唯一的"优秀毕业论文"获得者，也被授予了"北京市优秀毕业生"的荣誉称号。

律己，就是要逼着自己跳出舒适区，去寻找另一个自己。

2

从一句话都说不出来,到半年拿到10个世界500强企业的录取通知。

在毕业那年,我同样也经历了求职碰壁的困境,在一次无领导小组讨论中,我被各路英豪狂虐,几乎一句话都说不出。面试结束后,我低落地从面试现场走了10公里的路回学校,然后告诉自己:别人行,我也一定可以!

此后,我研究了几十个关于面试的视频,看了十几本关于求职的书籍,然后不断修改简历,光是自我介绍的版本就更新了十几次,几乎做到了倒背如流。

其他人在玩游戏,我在改简历;其他人在打牌,我在改简历;其他人在追剧,我还是在改简历……短短半年,我拿到了包括中国农行总行、招商银行总行、万科总部、平安总部等在内的10份录取通知,而且全部都是世界500强企业的!

律己,是为了让自己的人生多一种可能性。

3

一个月瘦了20斤,从中年大叔变成了翩翩少年。

从学校到社会,我也和很多人一样,从清瘦少年变成了大腹便便的大叔。有一天,我看着镜子里越来越臃肿的自己,实在无法继续忍受,于是决定开始减肥!

我开始疯狂跑步并严格控制自己的饮食,按时吃饭,少油、少糖、少盐,主食以粗粮为主。有段时间我晚饭只吃一碗米饭和一碗蔬菜沙拉。我总是开玩笑说:"再痛苦的人生,也抵不过我每天吃一顿苦菊"。

因为要照顾孩子,我没有时间去健身房,于是我下载了训练视频,孩子一睡就开始疯狂卷腹。

一个月之后,我不多不少正好减了20斤,还有若隐若现的6块腹肌。

很多人问我,你不会饿吗?饿啊!我每天晚上满脑子都是油泼扯面,但既然确定了目标,就必须要搞定!

律己,就是要不断地雕刻一个全新的自己。

4

在清晨 5 点半和深夜 12 点半写出了一篇篇阅读量为十几万的文章。

都说身体和灵魂必须有一个要在路上,在保持身体的强健之外,我还热爱读书和写作。白天要上班,晚上要看孩子,我只能在深夜与清晨伏案写作,每晚在 12 点到 1 点之间才睡,早上 5 点半就起床,这样的生活让我觉得赚翻了。

短短几个月,我写出了多篇阅读量为十几万的文章,"人民日报""有书""思想聚焦""清华南都"等公众号纷纷转载我的文章,这让我真的太有成就感与满足感了。

家人看我写得辛苦,劝我注意休息,不要把自己逼得这么紧,但写作对于我来说太有吸引力了。用一支笔来整理自己认识世界的过程,是多么酷的经历。

我不仅运营自己的公众号,还为"有书共读"的书友们领读书籍——《把时间当作朋友》《活法》《挪威的森林》《哈佛家训》《掌控》等,一周领读一本,为每本书写 12 篇文章。在"2016 年度领读人"评选中,我拿到了"最受欢迎领读人"奖。我一方面觉得自己快

CHAPTER / 01　　　　　　　　　　　　　多少大获全胜，靠的都是咬牙死撑

被榨干了，另一方面也觉得自己还要再持续地更新自己。

律己，就是要让自己的身体和灵魂永远在路上。

◇ 5 ◇

有再成功的事业，也比不上做一个温柔如水的丈夫和父亲。

没错，我还是一个父亲——一个"二胎奶爸"。

我深知读书对一个人的重要性，所以在大宝很小的时候，我就开始不断地给他阅读书籍，3年时间我给孩子读了300多本书，而且很多书因为读了很多遍，都已经被翻得又破又旧了。

我给孩子立了一条规定："孩子，买书的一切权利都交给你，只要你想读书，爸爸妈妈会无条件地支持你！"于是，我们家里成了书海，我的书、妻子的书、孩子的书，书架放不下就放到客厅、餐厅，我们要让每一个伸手就可以碰到的地方都摆上书籍。

父母有多耐心，孩子就多爱读书。每天下班回到家已经疲惫不堪了，但我总是坚持每天给孩子读书。我坚信，没有不聪明的孩子，只有太懒的父母。

孩子在这样的环境下也开始酷爱读书了，就连上厕所、出去买菜都要把他喜欢的书带上。我也曾质疑：读了这么多书，他真的读进去

了吗？直到有一天，孩子把几十面国旗的国家名字都一字不差地说了出来，我才知道，坚持给孩子读书是一件多么正确的事情！

这些年来始终都是我和老婆两个人带孩子，妻子白天看孩子累了一整天，晚上就由我接过接力棒，给孩子读书、陪他游戏、给他洗澡，直到孩子睡了，两个人才精疲力尽地躺在沙发上缓缓神。

我讨好老婆："我的一切努力，都是为了让你和孩子过得更开心！"这就是传说中的"妻宝男"吗？

律己，就是要用行动去爱你所爱。

6

要让自己的水平跟得上自己的年薪。

工作几年之后，不到30岁的我月薪已过3万了。我虽处于小康的生活水平，却感到异常焦虑。

我深感自己知识储备的不足，能力配不上自己的年薪，于是又下了一个决定：考博士，而且是非常难考的在职博士！因为现在高校基本上已经不再愿意招收在职博士了，所以"在职博"的分数线甚至比普通博士的还要高5分。

但我不信邪，我决定的事情就一定要搞定。

CHAPTER / 01

上班、带孩子已经耗费了太多时间，我只能把写作的时间腾出来看书复习，关于经济学、管理学、计量学的课本，这些早已被我抛在脑后的书本又一次被我重新摆上书桌。但我的时间和精力是有限的，所以复习进度严重停滞，眼看考试只剩下一个多月了，我和老婆沟通，希望她能给我放一个月假，我决定考不上博士"提头来见"！

于是，老婆带着孩子回娘家，我则进入了疯狂复习的状态，白天上班不能"打折扣"，下班之后直接去一家生意惨淡的咖啡馆，喝着难喝的拿铁，只为避开人群，自己可以完全进入学习状态。

就这样，时间依然不够用，我便把上下班通勤的时间也用上，早上6点多就去坐地铁，因为那会儿地铁里人少，可以把书拿出来复习。就这样，奋斗一个多月后，我最终以专业课第一名的成绩，考上了那所财经类专业排名前十的学校的会计学博士。

律己，就是要不断地让自己更新、持续成长。

30岁呼啸而来，我却没有一丝惊慌。因为自律，我始终在向着一个更好的自己努力着、奔跑着。第一个十年自律之约我没有辜负，所以我更期待下一个十年。

舍得对自己下狠手，
生活才会对你温柔

如何用 30 天变成一个超级自律的人？

我记得有一支超"燃"的运动广告，叫做"自律给我自由"，看完之后，每个人都会热血沸腾，也想过上"自律得自由"的彪悍人生。

但现实是残酷的，自律何其难，自律意味着你要逼着自己做那些你不喜欢、不愿意做，令你不爽的事：你是个吃货，要减肥那就得管得住嘴；你有拖延症，要考试就得逼着自己上自习；你是个夜猫子，长期熬夜导致内分泌失调，你就必须早睡早起……

多么矛盾的人生啊，你要奔向自由，就得付出代价，就得成为一个自律的人。

因为我之前干了一些看起来无比自虐又疯狂的事儿，不少朋友对我说："Kris，你真是一个自律的人，但是自律太难了，教教我吧！"

说实话，我不敢说自己有多么自律，但是当我真的踏上了自律的征途，掌握了合适的方法后，发现一切都变得简单起来了。因为，自律会让你整个人的满足感和成就感上升一个层次，也就是得到了所谓的自由感。这种自由感是发自内心的一种充盈感、一种力量、一种支撑自己继续超越自己的魔力，会推着你更自律，从而令你更自由。

今天我就把自己这些年关于自律的方法梳理一下，分享给大家。

1. 给自己的 30 天确定一个主调

我以自己的经历来看，30天是一个比较适合专注做一件事的时限，时限太短没有成就感，太长容易疲惫，所以，30天是一个培养和锻炼自律能力的最佳期限。

首先要承认，自律不是一个可以迅速养成的习惯。换句话说，你在30天里给自己定太多目标，这真的很难实现。你刚开始或许信誓旦旦地许下了许多心愿，比如你要在这30天搞定资格考试，你要减掉20斤，你要拿下"女神"……你30天的计划很多，这样既不现实且容易失败。

其次，自律是一件可以互相促进的事情。你用了30天减肥成功，这意味着你为了使减肥效果更好，要早睡早起，要考究饮食；等你开始瘦下来的时候，又会被激起想了解时尚搭配的愿望；回头率飙升，又会引导着你想要认识更多的人,学习更多的知识……瞧,一个简单的愿望,会一步一步推着你建立一个自律的良性循环。

所以,请给这30天确定一个明确的主题,不管是减肥、早起,还是带孩子一起看书,哪怕是晚上少刷半小时微信朋友圈,只要确立下来主题就好。

相信我,30天的主题目标越单一,实现自律的可能性就越大。

2. 要寻找进入自律状态的入口

目标明确了以后,你就需要进入自律的状态。

牛顿曾说过:一切都是有惯性的。当然这也包括你是懒散还是自律的状态。虽然你想自律的热情飙升,但你真的付诸行动的时候,会被以前的懒散习惯拽着动不了。这种感受,我想大家都很熟悉,自己明明该去跑步了、该去看书了,可就是不想动。

所以,让自己热身显得尤为重要。你不妨先从一点点的小事做起,比如你要考试,就要先把相关的经验分享、学习资料整理出来,让自己先进入学习的状态;你要跑步,就要先找些关于跑步的公众号看看大家都是怎么跑的……你不要小瞧热身,如果热身不够,你自律的习惯很容易被"3分钟热度"销毁殆尽。

3. 计划要列，但要主动调整计划

大家都很清楚做计划的重要性，所以我不说如何做自律计划，而是给各位一个建议，一定要给自己做一次心理建设，即预期计划可能会有所调整。

在计划执行的最初阶段，我们往往会雄心勃勃、热血上涌，自律计划通常能够较好地完成。每天跑完步在微信朋友圈发个状态，你看着几十个赞，心想"我这次一定减肥成功"，但经常因为一次聚会、一场饭局、一个冰淇淋，计划就被打乱，自律出现缺口。

"千里之堤，溃于蚁穴"，一次计划被打断，就会有第二次、第三次……最终的结果就是想要做的事情被搁置。

有朋友曾给了我一份她的减肥计划：不吃不喝，狂跑狂练。这比我狠多了，但没过几天我再看她的微信状态，她就又过回了以前那种吃吃喝喝的日子。

所以，一定要给自己一个缓冲期，计划被打乱不要紧，要主动去调整，要让自己有喘气的时间。

4. 循序渐进，改变坏状态

上一点说了，计划执行需要循序渐进，要给自己缓冲的空间，但

这个缓冲空间绝不能没有限制。

30天的时间,状态总会有起伏,你突然有一天心情就跌到了谷底,啥都不想干,没关系,给自己放个假,看个励志电影也是不错的选择。

但你一定要给这种坏状态或者调整期设置一个期限,比如两个小时、半天、一天,但最好不要超过一天。

据我亲身体验,一旦计划间隔超过一天,自律的小船说翻就翻。

5. 创造一个充满仪式感的环境

小时候,我看伟人们为了锻炼自己的意志力,专挑在闹市区看书;我不是伟人,我做不到。

我准备考博的时候,白天上班,晚上回去赶紧看孩子,等孩子睡了我已经精疲力竭了,看书看到一半就昏昏沉沉。后来我和老婆深谈了一次,她给我放了一个月的假,她带着孩子回了娘家,但等他们走了之后,我一个人在家依然复习不下去。后来我决定破釜沉舟,每天下了班直接去一家生意惨淡的咖啡馆,虽然拿铁真的很难喝,但好在咖啡馆没人,我可以完全进入学习状态。

每天一到咖啡馆点一杯难喝的咖啡,掏出书本,拿出笔袋,我就觉得仪式感满满，跟古人沐浴更衣捧书而读似的。这跟你一穿正装就觉得自己是精英，穿上裤衩就像去"撸串"，其实是一个道理。

6. 自律要把实际效果作为第一要义

要想做到自律，就要把自己要做的事量化，但量化的维度最好以成果为考核标准。比如跑步，有人总说，我每次都能跑一个小时，但是减肥的效果怎么就那么差呢？你一看他的跑步记录，一个小时溜达了三四公里，效果当然会差很多啊。

都说要在一个领域内获得成功，就需要练习一万个小时，但一万个小时可是要你全身心投入的。你每天都记录自己为梦想付出的时间，但如果里边满是水分，目标的实现就成了空谈。

7. 要给自律设里程碑

30天看起来时间不长，但人在这个过程中有时候真的会感觉到疲惫，也会有坚持不下去、怀疑自己的时候。

要解决这个问题，一定要给自己设置一个里程碑，给自己一点奖励：可以是去看一部电影、买一双鞋子，或者干脆放半天假出去玩。弹簧不能硬拉，人也要劳逸结合。

我的做法是以一周为限，每坚持一周给自己一个奖励，奖励逐周递增，直到完成30天计划。各位试试，效果真的很好。

8. 让一部分计划先执行起来

做到以上几点，你基本上就完成了30天的自律之旅。但人生那么长，30天之后呢？是不是又被打回原形了？

我的答案是，自律的路上有千重劫万重难，但谁都不可能一口吃成胖子，唐僧取经都得经历九九八十一难，所以别急，你要做的就是先让自己某一方面厉害起来。你在自律路上也要善于寻找突破口，打完一个"boss"，再打下一个，在历经千锤百炼之后才能修成正果。

CHAPTER / 01

从十八线小镇到一线城市，
我如何从倒数第一逆袭成市优秀毕业生

我在一个十八线小县城生活了18年，高考之后来北京读书。刚进大学时，全班37个人，只有我是从小县城来的，其实这还不算什么，最让我崩溃的是，我的高考成绩居然是全班倒数第一。

但四年之后，我成了班里唯一被评为"北京市优秀毕业生"的学生，还得到了两个保研名额中的一个，这算是一次小小的逆袭。

高考结束后，不少朋友即将离开家乡，进入自己心仪的大学。在这里，我分享一些自己的感悟，希望对大一的学子有用。

1. 自卑吗？自卑就对了

刚进大学时，我最大的困难就是内心充满了浓浓的自卑情绪。

看大家的高考成绩，很多人的分数在我们省都可以进清华、北大了；看大家的籍贯，最差的也是地级市；听大家聊天，一双篮球鞋竟然要1000多元，我18年来穿的最好的鞋也只是特步而已……当我发现自己在各方面都和大家有差距的时候，我真的有些自卑。

但是，自卑就对了。人与人之间由于生活环境的不同，必然存在着眼界、思维上的差距，但我始终相信，这些差距是可以通过不断的努力缩小的。

当时，父亲用毛笔给我写过一封洋洋洒洒的长信，这是值得我用一生珍藏的，其中的一句是这样写的："我们生于小地方，一定会与其他大城市的同学们存在差距，但你要相信，这些差距不是你的能力不及他人造成的。有差距，说明你有上升的空间；差距大，说明你的潜力也大……"

我铭记着父亲的这句话，不断尝试缩小这个差距，我已经落在后面了，怎么可以不努力追赶呢？

2. 发掘自己的闪光点

奋起直追的理想固然可贵，但我发现自己全线落后的时候，真的会有些心灰意冷。不过，既然要逼自己，我就不能有半点退缩。

如果你感到"老虎吃天，无从下口"，那就要找一个突破点，先发一点光亮再说。

因为我从小喜欢唱歌，也爱看娱乐节目，所以在大学期间参加了各种歌唱和主持比赛。第一次去KTV试唱，我都傻了，我们县里哪里有KTV这种地方，我一拿话筒手就开始抖，唱得一塌糊涂。即使这样，还是有一位同学夸我音色很好，虽然我现在想想她可能只是说说而已，但对于那个极度自卑的我来说，真是雪中送炭。

一次唱不好，我就多唱几次。我不舍得花钱去KTV唱，就跑到学校的某个角落，把书卷成话筒的样子练习，一遍遍地唱，不允许自己唱得有一点瑕疵。

经过不断练习，大一的时候，我真的就拿到了"十佳歌手"和"优秀主持人"的荣誉称号！

所以你们在自卑迷茫的时候，要先让自己去做一些事，当你取得成绩的时候，那种成就感会推动你获得更大的进步。

3. 建一个志同道合的朋友圈

刚上大学的时候，绝对是我社交欲望最强烈的时候。很多人都是第一次离开家，第一次开始独立生活，而很多学习和生活中的困扰无处说时，志同道合的朋友就显得特别重要。

舍得对自己下狠手，
生活才会对你温柔

那会儿还没有微信，手机也只有打电话、发短信的功能，所以人与人交往起来，远没有现在交换一个微信这么简单。

除了室友之外，我最铁的一个朋友就是通过各类活动认识的，只要是我喜欢、敬佩的人，我都会主动要他们的联系方式，也会主动打电话约他们一起吃饭、看书。当关系更近一步的时候，他们就会把我介绍给其他的朋友认识，慢慢地朋友圈就建立了起来。

因为志同道合，所以我们相处起来会非常融洽。朋友们也会在你困难的时候帮你一把。郁闷的时候，你可以找他们喝酒倾诉；有事儿了，大家围在一起给你出谋划策，这样的朋友圈是最珍贵的。

现在毕业了，经常聚会的依然是我们几个，我们没有职场同事的嫌隙，没有合作伙伴的忌讳，大家就是天南海北地聊。有此挚友，人间幸事！

4. 如果你喜欢，那就参加学生工作吧

在大学之前，我当了10年班长，但我第一次去参加学生会面试的时候，却被狠狠地浇了一盆冷水。大家都是各地的"三好学生"，或者某校的学生会主席，或者参加过某领导人的接见工作等，和他们相

比，我感觉自己实在太渺小了。

结果不出意料，我落选了，但我不愿意就这么退出。我主动参加学生会的各种活动，一有机会就和学生会的学长、学姐交流。大家可能觉得这个"愣头青"挺可爱的，竟然在半年后把我补招进去了。

既然入了学生会，就一定要做点成绩出来。为了办好一次志愿活动，我经常跑遍附近所有的志愿服务点，和当地的工作人员联系，安排好志愿服务活动；为了拿到经费，我把学校周围的饭店、美容美发店都跑遍了，拿到了学校最大的一笔外联费用；为了让活动的效果更好，我熬夜做PPT和视频，仅仅因为自己不满意就推倒重来。

别人说我对学生工作太较真儿了，没必要折磨自己，但既然我喜欢，也决定了要做出成绩，那就一定要逼着自己不断向前。

大二结束的时候，我成了学院里最年轻的学生会主席，还差点成为学校最年轻的团委书记，我们学院在学生活动中也成了最积极、成绩最突出的一个学院。这个时候，我开始慢慢地走出了自卑阴影，因为成绩给予我的满足感让我信心满满！

5. 要多做有价值的事情

大学期间，我一直兼任学院的志愿者协会会长，参与了各类活动的志愿服务。我做这件事，是因为自己真的热爱，也真的觉得它有价值。做交通协管员、去聋哑儿童学校和聋哑儿童一起做游戏、去敬老院陪伴老人、去农民工学校支教……这些活动看似很平凡，但参加每一次活动都是对自己人生观的一次洗礼。

我还记得当时去聋哑儿童学校和那些小朋友一起玩的场景，他们虽然无法说话，但是那阳光般的微笑却让我觉得世界特别美好。当你陪着他们玩的时候，他们会特别开心地跟你分享他们画的小作品，带你去看他们学校操场的一处蚂蚁洞，还会让你当警察去抓其他小朋友……

这些孩子虽然天生有缺陷，但依然如此阳光，如此勇敢地面对生活，我们有什么资格可埋怨的呢？

与其说是我们在帮助他们，不如说是他们的真诚和乐观向上的态度帮助了我们。

6. 学习真的很重要

这一点，我只有一半的发言权，因为大一、大二时，我把很多精力都放到了学生工作上，不免影响了学习。上完大三之后，我发现各种学生工作、学生活动的荣誉证书我都拿到了，唯独没有拿到奖学金。思考了很久，我决定辞掉所有学生工作，开始学习。

当我把这个决定告诉团委老师的时候，老师很不理解，因为她准备在下学期让我担任团委书记，学校几乎从来没有让一个刚上大三的学生做书记的，但是我很坚持自己的想法。因为我知道什么时候该做什么事，我很热爱学生工作，但当有更重要的目标时，我会毅然决然地坚持我的目标。

大三一整年，我开始泡图书馆、上课，有时候学习一整天，到下午7点左右的时候困得不行了就趴在桌上睡半小时，然后起来接着看书。我知道，我大一、大二欠下了很多学习的账，所以必须比别人付出更大的努力和代价。

大三结束时，我的考试成绩是全系第二，综合测评是全系第一，妥妥地拿到了一等奖学金。

7. 实习，尽力而为

我曾在西门子公司实习，那段经历说来有点惭愧。

刚进入部门时，我什么都不会做，连最基础的复印都要折腾半天。领导让我做一份市场研究的PPT，我干瞪眼半天，什么都做不出来；同事让我帮她做供应商比对，看着那张联系单，我怯生生地打了

舍得对自己下狠手，
生活才会对你温柔

三五个电话，紧张得满头冒汗。

有段时间，我每天早上坐着公交车去上班，有时候竟然会想要是有交通事故发生就好了，那就不用上班了。我也会看着路边的环卫工人，觉得他们好幸福，可以只扫地就完成工作。

但我不能，我可以很差，但不能差到连战场都不敢上。

实习，是一次很好的过渡。它让我知道职场与学校的不同，也让我明白职场有职场的规则，自己与他人有太大的差距。

我的那次实习，是不及格的，却让我对职场有了更清晰的认识，也让我为以后的职业生涯做了更早的规划。

大学四年，我问心无愧，因为我不曾虚度每一分每一秒，也希望刚上大一的朋友们以此为鉴，好好度过这美好的大学四年。

CHAPTER / 01

从中年大叔到"花样美男",跑步真能给人带来那么大变化吗?

我从来没有想过自己在有生之年可以跑完一个全程马拉松,即使在走上全马跑道的那一刻,我也依然深深地怀疑自己。

但当我成功冲过终点线时,瞬间觉得这个世界如此美妙。沉重的双腿似乎一下子变得有力了,放眼望去每一个人都在向我挥手、向我致意,那是一种从未有过的充盈感。

我感谢跑步,因为跑步让我不断修正自己的人生。跑步对于一个跑者来说,不仅仅是一种爱好、一种生活方式,更是随时能给予人无穷力量的兴奋剂。

从最初开始跑步时跑2公里便彻底放弃,到跑5公里的轻松自如,再到42公里马拉松的顺利完成,其实我仅仅用了不到一年的时间而已。正是因为跑步,我在这一年中发生了太多的变化,这些变化让我

舍得对自己下狠手，
生活才会对你温柔

终生受益。

1. 身材与颜值

在2014年我开始跑步的时候，微微隆起的小肚子、不断后移的发际线、日渐圆润的大脸，让我早早就蜕变成了一个"中年大叔"。之前的衣服，我穿上去的时候全部绷紧。我甚至都已经放弃买衣服了，因为穿什么都不好看！

但当我开始跑步之后，尤其是在一个月疯狂瘦了20斤之后，我突然发现原来我也可以穿任何衣服，以前买过最失败的一件V领T恤，我竟然也可以驾驭得毫无违和感。

再说脸，胖的时候我最不喜欢自拍，因为连我自己都会深深厌恶那可恶的大脸和双下巴，但瘦下来之后，我才发现我的脸并不是他们口中的大圆脸。

所以，跑步真是最好的整容方式。

2. 精力

都说25岁之后，男人的精力就开始大不如前了，我以前真的深信不疑。

因为我实践了，我25岁参加工作，精力就开始疯狂下降，哪里还有以前熬夜撒欢、各种折腾的精力。

但在减肥之后，我发现我错了，男人不是在25岁之后走下坡路，而是在胖了之后，而且精力跌得惨不忍睹啊！

我之前总是抱怨自己睡不醒、容易累，但是瘦下来之后，我很少会有困乏感。去年全家人去爬山，因为山太陡，我基本上一路抱着儿子，到最后一段的时候，小舅子说让他来抱，结果他只抱了5分钟就说腿软……

另外，跑步让自己精力越来越好还有一个重要原因：跑步会逼自己早睡早起。我夜跑之后洗个澡，睡眠质量会变得非常好，而睡得早自然起得早。加我微信的朋友总会问："你怎么经常在早上四五点发微信朋友圈，要熬夜那么久吗？"错，因为那会儿我已经起床了！

就像一位马拉松选手说的："人不是因为衰老才停止跑步，而是因为停止跑步才衰老"。

3. 告别无聊的事情，消除恶习

开始跑步之后，尤其是逐渐完成自己的跑步目标之后，我就会痛恨：以前那么多的大好时光都被无聊的事情给浪费了！

没事干？跑步呀！有点累？跑步呀！想去玩？叫上朋友跑步呀！真是"一言不合"就跑步呀！

我个人认为，跑步真的是这个世界上消磨无聊时光的第一大"武器"！当然，除了对付无聊的时光，跑步还可以改变一些陋习，比如抽烟、喝酒等。

我曾经看过一个国外的视频，一个吸毒、酗酒的中年男人为了孩子开始跑步健身，他从"肥佬"变成"潮男"，真的与那些陋习彻底告别了。

在准备跑马拉松的日子里，我把烟给戒了，因为抽烟对自己跑步成绩的影响真的很大。在和一些"跑马"的朋友交流时，我发现很多人都是因为跑步才戒烟成功的。

还有在参加各种聚会的时候，喝酒是少不了的，但是在我的影响之下，我们几个"死党"基本已经告别喝酒，而是改成跑步了。以前我们一般都约着晚上喝酒、"撸串"，现在都是约着早上在奥林匹克公园跑步。绕园跑完10公里，那种酸爽岂是几杯酒能比的？

4. 扩展朋友圈

在跑步以前，我的朋友圈基本上都是同行业或者同领域的人，大家的年纪、阅历也差不多，遇到的困惑也大同小异。但是在跑步之后，尤其是加入一些固定的跑团之后，我的朋友圈一下子就被打开了。

因为跑步这个并不功利的爱好而走在一起，不同行业、不同背景、不同年龄的人都会因此而一起努力，一起前行。

跑步拓展朋友圈的最大好处，其实是可以从那些比我们优秀的、比我们年长的、比我们成熟的人身上去学习、汲取能量。职场菜鸟的困惑、拖家带口的疲累、个人晋升的犹疑，很多我们看起来艰难无比的处境，有可能被他们的一句话就改变。

5.信心有时候比黄金更重要

胖的时候，自己都会看不起自己，垃圾食品吃多了觉得自己也像一堆垃圾。但在你瘦下来之后，别人问你"你怎么瘦了这么多？怎么做到的？"，会瞬间提升你的自信心。

相信我，只要你持续跑步3个月，而且饮食科学，减肥的效果会非常惊人，随之而来的不仅仅是自己身体上的变化，更多的是别人对你看法的变化。他们会专门跑过来问你怎么做到的，夸你怎么可以这么自律。虽然有些人只是说说而已，但是对于很久没有成就感的你来说，这无异于是一剂增强自信的强心剂。

都说"不控制体重，何以控制人生"，当我们减肥成功以后，就会自带自律属性，每个了解你减肥史的人，也会自觉地把你归类为一个自律的人。这种别人给予的信心，其实是你从外到内实现自信的重要力量。

6. 自律与磨练

从"跑步废物"到"跑马达人"，这个过程说起来似乎很轻松，但其实是一个特别艰难的过程。

要完成"跑马"，就要逼着自己不断地去跑，还要学着科学饮食、调整作息习惯，摒弃那些影响自己跑步成绩的恶习，这个过程就像是对自己心性的打磨，而这种自律的心性是可以体现在所有的生活中的。

"跑马"之后，我给自己定了下一个目标：在职考博。

我和其他朋友说考博的事情时，大部分人都觉得我在闹着玩，因为考博这个宏大工程对于一个在职"奶爸"来说，真的没那么容易，何况是只有我和爱人两个人来看护孩子。

但是，当通过跑步构建成自律属性之后，在对待任何一个目标的时候，我都会相信努力和奋斗的意义。

就像村上春树说的"跑步让我懂得努力的极限"，同样，跑步让我在努力的过程中懂得要竭尽全力。

7. 对生活的热爱

跑步看起来是一件小事，但是它带给人的影响和改变，却像滚雪球一样越滚越大。

哪怕是一点点积极的变化，也会逐渐推着你自己向更好的方向去发展。其实，这就是良性循环，而循环的入口就是跑步。

诚然，跑步并非万能药，但是跑步至少可以让你拥有多一点点的幸福感、充实感、成就感，这就够了。

最后，我送给各位一段我觉得写得最准确的关于跑步的感受的话：每当跑步时，迎面扑来的凉风，丝丝渗入身体每一个细胞，连混乱的脑袋也被洗涤得一干二净。心情不好时，可以乘着风，把烦恼全丢在脑后；心情好时，也可以乘着风，带着快乐，飞驰在这恬静的黎明、黄昏。

舍得对自己下狠手，
生活才会对你温柔

我们都患了一种病，叫间歇性努力症

⟨1⟩

大林今年33岁了，吸了一整年北京的雾霾，孩子的咳嗽也持续了半年多。看着桌上的一堆报销单，点着那只早已有点迟钝的鼠标，听着隔壁工位的王姐聊她家孩子又去哪个国家参加钢琴演出，听着其他同事略有羡慕的称赞声，他开始怀疑自己当初选择来北京发展是一个错误。

那时正值初冬，大林连秋裤都没来得及穿，就"热气腾腾"地从深圳"杀"到了北京。他意气风发地冲进了金融街的一幢大楼，身后则是老婆打包的十几箱行李，还有恨不得一块寄过来的两个儿子。

当初，因为老板的一句话，他毫不犹豫地离开了已经生活了10年的深圳，带着老婆和两个儿子迁居北京。

CHAPTER / 01

多少大获全胜，靠的都是咬牙死撑

周围的人都说他疯了，老婆也一直在他耳边念叨着再考虑一下，但大林毅然决然离开了深圳，就因为老板的一句话——"到了北京，有我的，就有你的！"

老板确实也努力地帮大林打点上下，大林眼看着升职的事就要落定了，结果在一个周三的下午，老板却被悄无声息地带走了。调去北京3个月，却因为碰上股灾救市的事惹了一身麻烦，于是，大林又一次陷入了事业的低谷。

老板以前许诺的升职也打了水漂，他从"打鸡血"的状态陷入了熟悉的模式：堕落。

在他的印象中，从上高中开始，这种"打鸡血"与堕落交替的状态就伴随着他的生活。一段时间努力得快被自己感动死了，一段时间又堕落得连自己都看不起自己，这就是典型的间歇性努力症。

因为老师的一句表扬，他发誓一定要冲进学校前三名，结果模拟考试作文跑题了，判卷老师给他打了零分，他刚打好的"鸡血"一下子就失效了，接下来的一星期他都浑浑噩噩着。直到有一天他看到了同桌手里的《读者》，读了一篇名叫《现在不够努力，以后够你流泪》的文章，瞬间如醍醐灌顶：我可不希望自己一辈子一事无成。于是他又开始向着目标"冲冲冲"。

033

高考的时候，大林的分数刚到一本线，他却阴差阳错地上了一所全国前十的985学校。因为那年是小年，人都没招满，一本线就是录取线，他竟然幸运地被录取了。

大林向师哥、师姐们打听着大学的奇闻逸事，憧憬着自己美好的大学生活。还没进校园，他就给自己定了几个目标：拿一次国家奖学金，发一篇顶级论文，谈一场不散的恋爱。

毕业时，除了谈了一场不散的恋爱，其他的目标，他一个都没实现。在走出校园的那一刻，他觉得世界是公平的，都说"一份耕耘，一份收获"，他在这4年里付出最多的就是这份感情，而这份感情最后的结果也如他所愿。

2

"女人在恋爱时的智商为零"，大林觉得这句话也同样适用于男生。因为在这4年的大学时光，他每次考试时都觉得自己是个弱智。他补考了好几次，总算勉强地毕业了。

在4年中，除了爱情的甜蜜之外，他感受最深的便是那种间歇性的努力和堕落。得了间歇性努力症，意味着做很多事情都是浅尝辄止，或许成功就差那一步，但人一旦进入了那个间歇期，之前所有的努力都成

CHAPTER / 01

多少大获全胜，靠的都是咬牙死撑

了泡影。

前一天，他听了俞敏洪的演讲，发誓要把丢掉的英语捡起来，坚持记了三天单词，发现能记住的没几个。看着那本大一就买了的四六级单词书，他把自己逗笑了："看了那么久，还从来没翻到D开头的单词呢！"于是，他把单词书一扔，跑去操场打球了。

看单词书的状态像极了他4年大学生活的状态，书的前一小部分被翻了太多次，书页都有些破旧了，后边的大部分书页却崭新如初。

那时"阿里巴巴"还没有现在这么如日中天，但马云已经成了商业界的传奇。大林最爱看的就是名人传记，在他堕落、无助的时候，他看看那些在痛苦中起死回生的名人们，就会觉得自己也跟着他们一起重生了。那段时间，他最喜欢干的事就是站在西湖边上，捧着马云的自传，一看就是一下午。大林如痴如醉的状态持续了三天，第四天一觉醒来，他跟室友郑重宣布："我要创业了！"

创业的内容是他在这三天里想到的——送外卖。那时还没有"饿了么""美团外卖""百度外卖"，他算是当年专职做外卖的第一家。他后来总是自嘲："我当年再坚持坚持，说不定也能变成个亿万富翁……"

外卖的第一单很顺利，他靠着从各种传记里看来的方法，很快就把那家成都小吃的老板说服了。三个人第一单赚了200多,这对于当时的穷学生来说,已经是笔巨款了。尝到了甜头,他自信心爆棚,于是又找了三个同学,每天晚上开会"打鸡血"、谈梦想,准备大刀阔斧地干一场。

有句话说:梦想是要有的,万一实现了呢?但梦想有了,大林却发现实现起来远没有那么一帆风顺。第一单生意虽然使他们赚到了钱,但因为送餐仓促、送错餐,他们的送餐队伍就被人投诉了。成都小吃的老板可没见过这架势,把200块钱给了大林,就再也不接电话了。大林跑到店里和老板沟通,老板显然心已凉,给他们上了一盘扬州炒饭,然后就骑着摩托车跑市场去了。

他在苦苦挣扎了一个月之后,把团队解散了。

又是一个间歇性努力和堕落的轮回,大林似乎走进了一个死循环中,怎么走都走不出来。

3

离开学校后,大林靠着亲戚的关系,拿到了一家券商的录取通知。从杭州到深圳的火车上,他一路牵着女朋友的手,心里默默发誓一定要出人头地!

CHAPTER 01

工作一年后，大林结婚了。跟初恋结婚，他觉得这应该是自己这辈子做得最酷的一件事了。那时深圳的房价还不高，而且首付比例很低，他从住在县城老家的父母手里拿了20万，贷款买了一套市中心的小房子。有房有媳妇，紧接着儿子也出生了，一家人其乐融融，大林觉得这应该就是幸福了吧。

虽说大林是在"高大上"的证券公司上班，但后台工作却让大林感到很郁闷。看着跑业务的同事每天"风风火火"，他有些迷茫：真的一辈子要干这些没有"技术含量"的活儿吗？

他又开始努力了，决定考CFA（特许金融分析师）！他把计划告诉了老婆，老婆很支持他，但也有忧虑：CFA考试费用不低，孩子刚出生，房贷也要还，生活压力真的很大。老婆不想伤害大林的积极性，只能说"老公加油，你是最棒的"。

带着老婆的支持，大林开始了复习计划。要想通过考试，就要先把钱拍在那儿逼着自己看书。于是大林很早就报名了，一刷完信用卡，他便有了一种"风萧萧兮易水寒，壮士一去不复返"的斗志。但大林隐隐觉得，这种感觉似曾相识，他忽然就害怕了起来。他从不缺斗志，但斗志却总是在某个时候突然荡然无存。

间歇性努力的人都有一个症状，那便是给自己制造一种假象、幻觉。"要努力，要奋斗，要拼出个人样来！"当喊出这些励志的口号时，大林感觉自己已经成功了一半了。

心理学上讲我们对自己通常都是高估的，而高估之外又给了自己更高的评价，于是，我们便会下意识地把一件事情的难度看得过低。某事原本需要一年时间来完成，但那种"充血"的斗志会告诉自己："我半年就能搞定！"

于是，我们真的努力了半年，却发现离目标还很远，然后就再一次掉进了自我怀疑、自我否定的怪圈，在"打鸡血"与堕落的死穴里循环着。

大林也一样，真的开始看书之后，他才发现CFA远没有想象中那么简单。但既然钱都交了，他破釜沉舟也得考啊！第一年，他低分通过了CFA一级，于是他洋洋得意，心里想："我还是棒棒的呀，都没怎么看书就考过了。"是啊，一级不就应该轻松考过吗？

大林第二年考二级，"挂了"；再考，又"挂了"；三战，还是"挂了"。大林欲哭无泪，他想不通为什么复习一级的时候随随便便就能过，而考二级都已经增加复习时间了，却屡屡败北。自我怀疑、自我否定的状态又包围了大林，紧接着他便自我放弃。在第三次"挂了"的那天，他给老婆发了条短信：老婆，我不考了，对不起。

间歇性努力的人，还有一个"优秀"的品质，就是喜欢自我批评，而且把自己批得非常狠。因为对自己的憎恶，对堕落状态的愧疚，对身边人的辜负，他把所有的恶毒词语都狠狠地甩到自己身上。这种所谓的"千夫所指"，依然是他的幻觉，大林的媳妇并没有怪他，他却已经无法原谅自己了。

　　自我批评也要有度，但患有间歇性努力症的人却喜欢把自己批评得一无是处，于是大林又被自己打败了。

4

　　从四川的一个小县城，到美如画的杭州，再到奋进向上的深圳，最后到"雾气腾腾"的北京，大林感觉有些累了。有时候，他觉得自己是这个世界上最努力的人，但有时候又觉得自己简直就是一堆扶不上墙的烂泥。

　　我很想对大林说，其实我们都在用同样的方式走同样的路，间歇性努力症很恼人，但绝不是不治之症。

　　不以努力为荣，也不以堕落为耻，或许只要试着把努力的时间拉长一点，一切都可以迎刃而解了。

舍得对自己下狠手，
生活才会对你温柔

"我好累！""那你干吗还不睡？"

1

最近我的工作强度开始加大了，但写博士论文和考试的任务又接踵而至，再加上公众号要保持日更，这些事情催促着我马不停蹄地往前跑，使我身心俱疲。

我每天都嚷嚷着要早点睡，可几乎每晚都要12点多才能上床。早睡早起的习惯被丢掉，身体的平衡被彻底打破，不爱赖床的我，这些天早上醒来都要多眯一会儿，因为真的太困了。

晚睡导致起不来，太困导致一整天都浑浑噩噩、效率不高，我只能靠晚上熬夜来干活。最后，晚睡晚起的恶性循环就形成了。

睡眠不足，真的会让一个人崩溃。

2

谁都知道，睡觉是一件很重要的事情，但我们现在的问题是，我们明明已经很困了，明知道自己该睡了，却还是想多看会电视、多刷会手机，不到晚上12点坚决不睡。

于是熬夜都快成了我们的生理规律了，晚上12点之前自己反而睡不着了。

关于不睡觉这件事，其实可以分这么几类：

第一，工作确实没做完。

不是我们不努力，是事情真的太多了，根本干不完，这该怎么办？

我们每天工作到晚上12点，不管干没干完，睡大觉，明天接着做。

我妈总是担心我的身体，老是说："事情永远都做不完，你看这家务活，什么时候都要干，一口气干完累得半死还不如慢慢来呢。"

是啊，工作是永远都做不完的，人不能一口吃成胖子，工作也不可能一下子就做完，该干活就干活，该睡觉就睡觉，这样的工作效率会更高、效果更好，人也不会因为睡眠不足而崩溃。

舍得对自己下狠手，
生活才会对你温柔

3

第二，你因为拖延，所以工作没做完，最后只能熬夜干。

有个场景，你一定很熟悉：老板给了你一个任务，让你明天必须完成并提交。你加班到晚上8点，办公室里已经空无一人了，你瞬间觉得孤独感上涌，完全工作不进去，干脆收拾东西回家。结果到家之后，你想着辛苦一天了，先休息一下看会儿电视再说。

你说好只看半小时，结果不知不觉就看了一个小时。你想再不开始就得熬夜了，于是打开电脑准备工作，还没打开Word文档，页面就跳出了一条条新闻。

于是，你又开始不断看新闻，等你回神抬头一看，半个小时又过去了，看来今天真的要熬夜了！焦虑，无助的焦虑，你一想到活还没干完，明天还要早起，你就焦虑无比。

终于，你下定决心开始工作了！

因为离deadline（最后期限）越来越近了，工作效率反而高得出奇，结果本来以为要三四个小时才能搞定的工作，你用了一个半小时就完成了。

你长吁一口气,早知道这么简单就早点干了,也不至于一直这么焦虑,但下次你又会重蹈覆辙,你早知道又有什么用?

我们痛恨拖延症,很多时候不是痛恨没能高效完成工作,而是心里装着一件事但又不想行动,时间"滴答滴答"过去,内心却被那种等死般的焦虑所煎熬着。

我之前写过一篇文章,叫《唯有前行,可破焦虑》,这恐怕就是我们消除焦虑的终极答案吧。

4

第三,你没什么事儿做,但就是不想睡。

据我观察,这种类型的人最多,其实他们也不是没什么事做,他们可以做的事太多了,可以追剧、可以看综艺、可以在微信上聊天、可以给别人"点赞"。总之只要有个手机,他们就能一直折腾,不睡觉。

最近我一直在想,如果没有手机、没有电视,甚至没有电,我们还会晚睡吗?

古人读书万卷,甚至秉烛夜读,很大程度上不就是因为没有电吗？读书恐怕算是最好玩的事情了。

那么，我们为什么不试着过一种"不插电"的生活呢？

我在这里分享一下自己的做法：

我退掉各种微信群，关掉微信朋友圈。那会儿考博的时候，因为受不了自己总是刷微信，于是我干脆把所有群都退了，还把微信朋友圈的功能关了，发现世界瞬间变得安静了。

我删除了手机中各种容易让人沉迷的软件，比如各种电商软件、社交软件、新闻软件等，只保留一两个精品软件。这样做使自己不上瘾、不沉迷，很好地保存了自己的时间和精力。

最后一个是狠招，我把手机扔到客厅再去睡觉，干脆断了玩手机的念想。

其实归根到底，我们拖着不睡觉，还不是因为有比睡觉更好玩的事吗？那既然如此，我们就把好玩的事情都"切断"，使自己变成一个娱乐绝缘体，这样一来睡眠自然会变得规律起来。

5

熟悉我的读者知道，我非常喜欢村上春树，不仅仅是喜欢他的文字，还喜欢他那种苦行僧般的自律生活。我给大家分享他在接受一次

CHAPTER / 01

访谈时，提到的自己每天的时间表，与大家一起共勉。

写长篇小说时，他基本都是凌晨4点左右起床，从来不用闹钟。泡完咖啡，吃完点心，他就立即开始工作。重点是，要马上进入工作状态，不能拖拖拉拉。

然后他写五六个小时，到上午10点为止，每天写10页的稿纸。村上春树用苹果电脑写作，写两屏半，相当于10页，然后立即停笔。重点是，他写了8页写不下去时，也要写满10页，写好10页还想写时，也不能继续写，只写10页。

他每天会跑步一个小时，村上春树说，对他来说每天只有23个小时，因为有一个小时给了运动，并且每天雷打不动。

他的习惯是这样的："要把自己融入节奏中去，把自己培养成一种习惯动物。""决定了就做，不说泄气话，不发牢骚，不找借口。""早睡早起，每天跑10公里，坚持每天写10页，要像个傻瓜似的。""天黑了就不工作，早晨起来写小说、跑步、做翻译，下午两点左右结束，接着就随心所欲。"

村上春树称自己是长距离跑者，"今天不想跑，所以才去跑，这才是长距离跑者的思维方式"。

舍得对自己下狠手,
生活才会对你温柔

因为这一件事,
我把混乱无聊的生活变得无比有趣

①

2013年,我已经研究生毕业一年了。

老婆还在读书,宝宝不到一岁,我工作总是找不到状态,加上因为房贷、车贷欠了一屁股债,我的压力陡增。那时,我才忽然懂得了什么叫作"少年不知愁滋味",似乎一下子进入了一个"旋涡"。从前在学校时的无忧无虑瞬间消失了,我每天忙忙碌碌却找不到方向。看似充实却令人没有丝毫的满足感的生活,让我喘不过气来。

那时候,我每天早上不到6点就得起床,陪孩子到7点,再赶紧挤地铁去上班,浑浑噩噩工作一天,效率极低,一下班又奔回家里,接过看孩子的接力棒,好让老婆休息一会。终于等孩子睡着了，两个人窝在沙发上，除了翻翻手机什么事情都不想干。我每天重复着这些忙碌但看不到边的生活，突然很想提升自己，想总结过去，想定个计划……但我总感觉想做的事情太多，千头万绪，找不到解决方案。

如果要用一个词来概括那时的生活状态，就是"混乱"。

2

有一次逛豆瓣，我看到了一位学习型"友邻"的一篇日记，标题很特别：20130501周记。

我好奇地点进去看，原来是他每周的总结。周记内容很丰富，有他的工作、生活记录，也有他的点滴思考，还有自己读书、学习的进度和计划。一篇周记看完我觉得还不过瘾，然后又一篇篇地翻看，越看越热血上涌，因为他文字中充满了正能量，仿佛就是身边的一个好朋友在叙述自己的蜕变，记录自己的成长。

当时，他已经坚持写周记两年多了，或许对于他来说，写周记已经成了他的一种生活习惯，但是对于一个第一次看过他所有周记的人来说，这些从无到有的文字，是让人极其震撼的。

我清楚地记得，他第一篇周记的文字是那么稚嫩，对事物的思考也很浅显，但是两年过去了，他驾驭文字的能力、知识的储备、眼界的开阔程度有了很大提升，让人无法想象他这两年到底发生了什么？

在他的很多文章里，他都提到了周记给他的生活带来的天翻地覆的变化。

读者在看完他所有的文字之后，他的那种持续积累所带来的成长的蜕变，会让读者有一种冲动：如果他可以通过周记来改变生活，那我为什么不能？

在那段混乱的日子里，我也曾经拼命地寻找改变的出口，关注了很多正能量的偶像，比如现在在知识领域已经很火的知识"大V"们。

但一说到偶像，我们就会产生一种疏离感。我们看到那一篇篇关于如何提升自己的"干货"文章，也会有努力的冲动，但是正是因为脑子里放不下的"偶像"，我们就会觉得他们的自律、他们的优秀，仅仅是因为他们有天赋，或者说他们本来就不是一个普通人。

但是，那位坚持写周记的"友邻"，却让我坚定了一个信念：他就是一个普通人，一个努力改变自己的普通人，既然他可以做到，那么我也一定可以。

CHAPTER / 01

3

于是，在接下来的一个月里，我不断地问自己：我要不要改变现在这种混乱的生活？要不要？

经历无数次的自我肯定与否定之后，我坚定地告诉自己：我要改变！

而改变从哪里开始呢？那便是——记周记。

2013年6月30日，我写了第一篇周记，内容在现在看起来就像流水账，但里边却包含着自己在那个时刻的所思所想。在周记的最后一段，我是这么写的：第一篇周记写完了，我瞬间觉得自己的生活远没有想象中那么混乱，只要不断地总结和整理，一切都能理出头绪。人生可以有迷茫，但我不应该停下脚步。

再回忆起这段话，我仿佛已经看到了那个励志要改变自己的热血青年的样子。

在那之后，我开始坚持写周记，其间也曾有过间断，但是一旦停下来一周，就会有一个声音告诉自己：要坚持，要坚持，要坚持。于是，我又开始继续记录那些点点滴滴的事情。

写周记看起来好像是一件微不足道的小事，但是在我坚持了一年之后，却让我发生了无法想象的变化，最直接的就是我的豆瓣粉丝竟

舍得对自己下狠手，
生活才会对你温柔

然从几十个猛增到了5000个，我顿时成了一个豆瓣小红人。而增粉的最主要原因就是自己的周记经常会被推荐到豆瓣首页，也有很多粉丝跑到我的周记文章下面留言。偶尔我停更了，还会有很多朋友过来善意地提醒我更新。

改变何止体现在豆瓣增粉上，在之后的日子里，我完成了很多我做梦都想不到的事情：我决定减肥，在一个月内就瘦了20斤；我决定跑马拉松，真的就完成了"全马"；我要让孩子爱上读书，这三年我陪孩子读了300多本书；我想继续深造，在在职的状态下考上了博士……我知道，这些看起来不可能完成的任务，很大程度都是我通过写周记的形式搞定的，我以这种方式梳理自己、激励自己、鞭策自己，周记成了我改变自己的一个最重要的出口。

◆ 4 ◆

有个"友邻"看我周记老不更新，还发过一个"豆邮"给我：Kris，你的周记怎么不写了？看不到你的"私生活"，我感觉少了很多乐趣。

没错，我的周记基本上是和盘托出自己的"私生活"。无论是工作上的困惑，还是家庭生活里的忧虑，再或者是学习上的自我鼓励，我都会写到周记里。可以说，你一篇周记看下来，基本上就已经把我

CHAPTER 01

多少大获全胜，靠的都是咬牙死撑

这个人看透了。

我也曾经纠结地想，把这么多私人的信息放到周记里，让这么多人去看、去评论，是不是有些不妥，但是后来我发现：

一方面，只有毫无保留地去记录，才是对自己最好的鞭策。比如列的读书计划没有完成，我也一定会在周记中指出。这样虽然很不好看，但对自己来说是一种无形的压力和动力，推动着自己不断地改变和提升。

另一方面，使那么多读者通过周记看到我这样一个普通人的奋斗史，这种感觉是很奇妙的。读者看我的成长历程，就像我们曾经看成长励志类书籍，阅读那些伟人的传记，仿佛通过这些简单的文字，我们能够捕捉到他们优秀的原因，同时也会激励着自己向着他们不断靠近。

5

有一次，我在微信公众号的后台收到了一个朋友的留言，这个朋友就是因为我的豆瓣周记才关注我的，也是我公众号的第一批粉丝。后来的两年，我的公众号基本上都处于停更状态，但是她依然不离不弃，用她的话说就是，"我早就知道，你一定会回来"。

她接着说:"其实,我更喜欢你以前的文字。"

我感到很困惑:"我从2016年下半年开始重新写公众号,我的粉丝从1000个增长到了现在的两万个,从数量上来说,我的文字不应该是变得越来越好了吗?"于是我向她求教。

她说:"你现在写得也很好,但是你以前的周记更加真实。"

没错,真实!在后来运营公众号的过程中,我总是处于一种纠结的状态,因为希望可以获得更多的关注,所以我写每篇文章时都在想方设法地寻找增粉的方法,或者说在刻意回避描写自己的生活。

如果一个公众号每天都"自说自话",就会断送所谓的增粉之路。但是,最近我又在想,如果没有那些更加真实、更加接地气的文字,那么我的读者会不会也会变成以前我仰视自己偶像的那种状态,出现无法放下的疏离感。

6

一个读者点醒了我:"我喜欢你的文字,不是因为它们多么华丽,而是因为它们让我感觉你就在我身边。当我情绪低落、无助的时候,我就会跑到你这里,就会知道我还有一个朋友在一直坚持,一直努力。"

CHAPTER / 01

于是，我下定决心要恢复我的周记！但出于几个方面的考虑，我的周记会设置一个门槛。因为我发现，无论哪一篇文章都会有一些负面的声音。当我点开他的头像时，发现他也从未给我打赏或者留言，不是我有多在乎他的钱，而是我不希望自己的私人领地被一个有恶意的人占领。同样，我也在想，以前豆瓣相当于一个树洞，并没有那么大的关注度，但是现在公众号的传播率这么高，我把这些私人的东西放到这里，是不是也会有些不必要的麻烦。

舍得对自己下狠手，
生活才会对你温柔

在这个人人"累成狗"的时代，怎样坚持读书？

1

有不少朋友在简书上给我发简信，询问我关于读书的问题：

"Kris老师，我是一名大三学生，平时要上课，还要搞学生工作，特别忙，根本没有时间读书，我该怎么办？"

"Kris，你好，和你一样，我也是一位父亲，每天朝九晚五地工作，回家还要看孩子，等孩子睡了，发现自己已经累得什么都不想干了，完全没有时间看书。"

"Hi，你不是二胎父亲吗？不还得上班吗？你每天哪来那么多时间看书、考博士啊？对了，你考的学校是不是不咋样？"

上面的三个问题，无一例外都提到了"时间"这个词，大家可能都会说："我工作太忙，我时间太紧，我生活太累……"总之，一提

CHAPTER / 01

多少大获全胜，靠的都是咬牙死撑

到读书，大家就是没时间！

那我反问一下：你有时间追剧吗？你有时间刷微信朋友圈吗？你有时间玩游戏吗？

你一定要摸着自己的良心回答，我想十有八九答案是肯定有时间的。当然，还有10%到20%的朋友不看剧、不刷微信朋友圈、不刷连连看，但你们除了工作、吃饭、睡觉，就真的一点点的时间都没有了吗？

谈到没时间，我真的算是"没时间"中的楷模了。早上6点半，孩子会准时醒来，我就要陪他玩到7点，张罗他穿衣服、洗漱，然后送他去幼儿园。我白天朝九晚五正常上班，从不迟到早退，还经常早去晚回，加班加点。晚上一到家，我接过看孩子的接力棒，继续陪他读书、洗澡、睡觉。等他睡熟之后，一天的"三陪"生活终于结束了，我抬头一看表，这就九点半了啊！所以，那位父亲说没时间，我真的感同身受！

其实读书这件事是没有太多限制的，就是不论何时何地，你都可以读，说得再极端点，你吃饭可以读书，通勤路上可以读书，坐在马桶上也可以读书！

通常限制你读书的不是时间，而是你的欲望。所以，在抱怨没时

舍得对自己下狠手，
生活才会对你温柔

间之前，请你很认真地扪心自问一下：当你有时间了，是不是就真的会把时间花到读书上来？

2

我整理了一下关于自己如何见缝插针地看书的一些思考和做法，希望对大家有用。

读书可以分为两类，一种是功利性读书，一种是非功利性读书。

所谓功利性读书，就是我为了升职加薪、考试考证、成为行业专家，而抱着大部头专业书狂看，这种读书是有明确目标的，是带有一定功利性的。

非功利性读书，就是我就为了图个乐，想看就看，看得舒爽，这就够了。

对于"功利"二字，这里没有褒贬之意，毕竟读书是个人的事，没必要要求别人一定要和自己一样。功利地看书和不功利地看书，其实代表了两种不同的读书欲望。发自本源的读书原因，无论哪种都无可厚非。

有了读书欲望，且让自己的读书欲望足够强，接下来你就是在欲望驱使下读了。以下的一些做法，仅供参考。

CHAPTER / 01

第一，要制定明确的读书计划。

读书贵在坚持，坚持贵在做计划、执行计划。世界辽阔，红尘滚滚，比读书有趣的事情真的太多了，所以你不用刻意压制自己对读书的懈怠，而要试着把读书当成一种习惯。培养这种习惯的最好方式，就是列计划且坚定地执行计划。

设置阶段性读书计划

在不同阶段，我会制订不同的读书计划：比如今年年初我要考博，就选出了有关经济学、会计学、管理学的经典书籍，按照备考时间一本一本地读，连那么厚的《新教伦理与资本主义精神》都看完了。比如去年我迷上了跑步，就买了五六本有关跑步的书，边跑边纠正自己的动作边思考，最后就真的从一个跑步"小白"变成了一个"全马"选手，还一下子瘦了20斤。

比如我那年求职，被一次群面虐得"体无完肤"，就买来市面上几乎所有的求职类书籍，结合每一次笔试、面试情况仔细分析，梳理、总结书中的内容，再在面试中进行实践，不断更新自己的面试方法，真的就在半年之内拿到了10个世界500强企业的录取通知。

所以，在不同的阶段，我们要确定一个相对集中的读书主题，选择某个主题下的经典书籍一本本地读,也可以几本对比着读。这种集中轰炸式的读书,能够迅速地勾勒出这一领域的知识框架,然后我们可以在框架下合并"同类项",寻找经典的观点,内化成自己的知识体系。这其实就是《如何阅读一本书》中推崇的一种深度阅读方式——主题阅读。

不断调整计划,避免计划执行的中断

有一种打击叫做"计划赶不上变化",你决定今晚要看两个小时的书,结果孩子一直不睡觉,原定的看书时间就这么匆匆溜走了。面对这种情况你不要太着急,计划完成不了固然不爽,但要积极进行调整,避免出现计划执行的中断。

相信各位都有这种计划中断的体验。你读书读了一周,坚持得挺好,周末出去玩了两天,结果还是觉得逛街、看电影爽。之后的读书计划又被搁浅,书也被束之高阁了。

我的做法是,要给予自己一定的空间调整,计划不能排得太满。我看过一个小伙伴的读书计划,他除了吃喝拉撒睡,就是读书,恨不得把所有时间都放在读书上。但人毕竟是人,有压迫就会有反抗。一旦计划执行出现了偏差,你再继续就很困难,反倒不如给自己适当放个假。

第二，找到自己读书状态的兴奋点。

做一件事，状态很重要。读书也一样，而读书状态的兴奋点怎么找到？有两种方式：一种是跟随你的状态去读书，另一种是培养你读书的状态。

从生物钟角度，找到读书的好状态

有生物钟是大自然给予我们的一种神奇能力，兴奋点不一样，大家就需要利用不同兴奋点去读书。比如很多当红的网络作家都是在晚上读书写作的，但也有很多伟大的作家是在清晨动笔的，比如各位都熟知的村上春树。

不管是白天还是晚上，只要你能看得下去书，那个时间就是最适合自己的读书点。

说实话，我自己的兴奋点有点难以琢磨，我有时候整晚看书码字，有时候凌晨4点钟起来还神采奕奕。

培养自己的专属读书状态

所谓专属读书状态，就是给自己设定一个固定时间去读书，并逐步将在这个时间读书作为生活中的一种习惯。《习惯的力量》说人生

舍得对自己下狠手，
生活才会对你温柔

不过是各种习惯的总和。如果把在固定时间读书形成一种习惯，就如洗脸、刷牙、吃饭一样，你必然会主动推着自己去读书。

下面分享一下我的固定读书时间：我早上5点起床、洗漱，5点15分开始读书，直到6点半孩子醒来；早晚通勤时间，我会利用kindle或者手机进行阅读；晚上9点到11点半，我会根据自己的实际情况，选择读书或者写作。

所以，我一天的读书、写作时间大概有4个小时！有些书我会读得很慢，一周都读不完，有些书我会读得很快，一天可能读两本，这和我阅读的主题有关。

当你确立了读书时间后，就需要不断地坚持，让自己形成一种习惯。逼着自己做事，除了需要长期磨练，还要有一颗向着目标持续前进的心。

碎片时间不用白不用

我的碎片时间集中在通勤路上。为了能够在地铁里相对高效地看书，我养成了提前出门的习惯。早点儿送孩子上学，就可以早点儿到达地铁站，这时候人也就会少很多，否则人山人海时我真的没办法好好看书。

毋庸置疑，kindle是看书"神器"，我在使用kindle之前就收集了一大堆关于kindle的使用指南，包括下载、订阅、更新的方法。我下载了2000多本电子书，真是一辈子都看不完。

另外，"豆瓣阅读""多看阅读""微信看书"等APP也很方便。

第三，不仅要读书，还要思考、写作和实践。

写作会形成一种"倒逼机制"，逼着自己读之有物，读后输出。

在2013年的时候，我偶然在豆瓣上看到某位"大咖"发起的"每天读一本书"的挑战。当时觉得这哥们儿真喜欢吹牛，没想到过了一年再看，"大咖"不仅完成了这个计划，而且还写出了大量的书评和画了大量的思维导图，形成了丰富的读书成果。

读书谁都会，但重要的是你读到了什么，收获了什么。我们不能只读书，还要结合书里的内容去思考，并通过梳理内容形成自己的观点。写作就是对于自己读书、思考的内容进行梳理的最好方式。

这是一种"倒逼机制"。因为你要写作，所以读过之后一定要读之有物。你看过就忘了的话，只是图个热闹。而你看过之后要有一定的输出，就会逼着自己去记忆书中的内容，梳理书中的观点，搭建书中的结构，从而形成对这本书独特的理解。

舍得对自己下狠手，
生活才会对你温柔

让读书成为指导你工作、生活实践的点读机

人人都想要台点读机，哪里不会点哪里，而在工作、生活中，那些你不会的问题，你总会在书中找到答案，也许是专业领域的难题，也许是生活中的一些困扰。说不定某一天你在读某本书的时候就突然找到答案，觉得豁然开朗。

另外，你在读书的过程中要去试着与自己的实际生活进行结合。当你将书里的内容与实际生活去对比时，会得到一个更加立体的知识概念和体系。

◇ 3 ◇

我说了这么多关于见缝插针读书的事，其实这些都属于"术"，真正管用的是"道"——要从心底喜欢读书。

我送给各位几句鲁迅先生关于读书的话，和大家一起共勉：我想，嗜好的读书，该如爱打牌的一样，天天打，夜夜打，连续地去打，有时被公安局捉去了，放出来之后还是打！真打牌的人目的不在赢钱，而在获得乐趣。

读书也一样，手不释卷的原因就是每一页的内容都能激发你浓厚的兴趣。

CHAPTER / 01

如何优雅而决绝地做事？

一个人做成一件事，其实是由很多因素促成的，下面我给大家总结了几条应该注意的问题，让大家能优雅且决绝地做事。

1. 要有充足的睡眠

世界上没有永动机，更没有每天不睡觉的工作狂。

我曾经被李开复每天睡4小时的事迹所激励，也曾扬言要用睡眠时间做更多的事，后来没多久我就听到了他生病的消息。他坦言，那段不睡觉的日子，他只能靠喝大量的咖啡来提神，强逼自己保持兴奋的状态，但身体毕竟是需要休息的，持续地透支身体必然意味着身体的崩盘。

所以，你要想做事，必须先保证足够的睡眠，做好精力管理。

睡不好，每天起来都觉得萎靡不振；睡得足，即使有一堆丧气的工作，也能信心满满地做事。

2. 别一直睡

有的人熬夜刷剧不睡觉，有的人则走极端，干脆一天到晚就知道睡。这里的睡是广义的，比如一到周末就窝在床上一整天，抱着手机都不愿意下床；吃饭叫外卖，上厕所都要等膀胱憋大了才去……唉，"懒癌"附体，举不胜举。

你要想做事，先下床再说。相信我，一个人的工作效率绝对和环境有关系。

人是需要仪式感的，你在图书馆，不想看书都有翻翻书的冲动；你在夜店，就算嫌吵都想蹦跶几下；可床上或家里，一般是一个人效率最低的地方。

我以前自己复习考试的时候，通常都不敢太早回家，下了班会直接钻进一家咖啡厅或者找个附近的图书馆看书。因为我知道，就算自己下了很大的决心，一旦回了家，我就会直接泄气。所以，你要做事，先"离家出走"再说。

3. 要营造一种愧疚感

时间管理的第一招是什么？是记录自己的时间，感知你的时间消耗在哪里。

你发现一周168个小时，你有50个小时在睡觉，30个小时在工作，一项追剧竟然占据了你20多个小时！

你每天花在看剧上的时间将近3个小时。这是什么概念？想想都令人发指。于是，你开始意识到自己的时间"黑洞"，然后就产生了强烈的愧疚感：3个小时干什么不行，为什么一定要白白浪费掉？于是，愧疚感会推着你调整自己的时间支出，然后分一点给学习。

4. 没有目标的行动都不可持续

接下来，你已经被愧疚感推得迫不及待地做事了。那么，你最重要的事就是设定目标，然后根据目标制定相应的计划。

有些人很喜欢大刀阔斧直接做事，但是做到最后发现，自己也不知道自己到底要做点什么。没有目标的行动都不可持续，所以一定要有明确的目标。

比如我在周记群里每周都会记录自己的粉丝数量、增幅、进度，这些看起来准确的数字，会让你目标的实现更加有的放矢。

5. 要制定一个详细的计划

稻盛和夫在《活法》这本书里特别推崇一种工作方式，就是要尽量对一件事进行全面的模拟。比如你要开一次会，就要在脑海里描绘出从准备会议到会议结束整个过程的所有细节，你的描绘越详细，计划越具体，你就越有可能提前发现问题、尽早解决问题。

6. 要保持专注

几乎所有的半途而废都是因为分心，你想想你有多久没有保持持续专注的状态了。

互联网时代信息大爆炸，你随时都可能被一个微信消息、一个电话、一条新闻提示所打断。面对这种情况，我给你几个方法：（1）下载一个"番茄软件"，工作、学习的时候"吃番茄"。（2）关闭微信朋友圈等社交功能。（3）想停下来的时候，永远多给自己5分钟去坚持。

说了这么多，其实这都只是些皮毛而已，如果你欲望不强烈，不行动起来，再好的方法都没用。

那些不动声色就搞定一切的人到底有多酷

<1>

在我们身边，总会有这样一种人，他们举止平和、遇事波澜不惊、喜怒不行于色，我们在人群之中很难捕捉到他们的存在。但就在我们慢慢淡忘这个"不起眼"的朋友时，他却在某个时点、某个场合被某些人谈论起来，他们谈论的焦点不是他微小的存在感，而是他不动声色就搞定了看上去不可能完成的任务，这让我们或惊喜，或震撼。

这种人太酷了！

在这个鼓励天性解放、个性张扬的时代，每个人都想拥有自己的舞台，每个人都想成为焦点。虽然万人瞩目的感觉很爽，但越是着急放飞自我的人，就越容易迷失自我。我们总是喜欢张开双臂告诉所有人:我的梦想有多炫,世界有多酷。但绝大多数时候我们也仅仅停留在说说而已。

于是,我们一次次呼喊着"我要跑步、减肥、变美""我要通过资格考试""我要找到好的工作"……却一次次因为自己坚持不下来而嘲笑自己,最后说说而已的梦想也就不了了之。

其实,当我们高调地告诉全世界我们要实现自己的梦想时,早已有人不动声色地开始行动了。结果,最开始全世界都听到了你梦想的声音,但到最后,全世界只看到了那个不声不响却实现了梦想的人。

◇ 2 ◇

我减肥的时候加过一个微信群,群的名字很有意思——胖子跑步减肥互助团。这是一群希望通过跑步实现减肥目标的自嘲青年。群里规定,三个月后,群主汇总群成员的减肥成果,一旦群成员未完成目标,将被扣除之前提交的保证金。

都说"有钱能使鬼推磨",这个群奉行的是"有钱能让胖子跑"。好歹也是几百块钱呢,装也得装出个样子来!群里氛围极好,有的人上传了自己的跑步记录,有的人晒了自己新买的跑鞋,大家摩拳擦掌、跃跃欲试,好像减肥的目标马上就可以实现了。这种热闹的情况大概持续了一个月,后来除了群主偶尔提醒一下大家注意减肥进度之外,大家都话语寥寥。

到第三个月的时候,群主公布了最终结果。拿到名单的时候,我们惊讶地发现,三十个人的群,自动退群的就有五六个,剩下的二十几个人,完成目标的只有三个,而且这三个人从来都没在群里说过话。

当我们抱着电脑对着一堆跑鞋挑来挑去的时候,他们前一天下单的鞋子已经到了;当我们还在纠结是早上跑步还是晚上跑步时,他们已经穿上跑鞋下楼了;当我们在健身房里拍了一堆照片,告诉朋友们"我来过"的时候,他们已经跑完了三公里了……

那些不动声色的人总是先人一步,他们不纠结、不焦虑,在他们的世界里,他们没有做或不做,而是定下目标就先做了。

3

元宵节的时候,我参加了一个生日聚会,寿星是我的发小。我和他从小到大都是好朋友,我们现在依然会在北京不定期地约着一起吃饭、喝酒、聊天。

生日聚会的另一个主题是——他在北京买房子了!这个消息再一

舍得对自己下狠手，
生活才会对你温柔

次把我们都震惊了！

　　说实话，他家里条件一般，当年学习成绩也只能算中等。在天津一所非211、985院校读完本科之后，他就一个人跑到北京租个小卧室，硬是每天跑大半个北京城求职，最后找了一家医疗软件公司做"码农"。

　　当年公司人很少，脏活累活全都被交给他这个新人来做。或许他的专业技术不是最好的，但是他确实是最努力、最踏实的那一个。

　　记得那会儿我们和他吃饭聊天，他自嘲是名副其实的北漂——没房、没车、没户口、没存款，最大的梦想就是能在北京有一个家。我们那会儿还在读硕士，没有生活压力，也不去想所谓的梦想，甚至觉得他的梦想几乎无法实现。

　　几年过去了，他突然给我们打了电话，让我们去燕郊聚餐，因为他在燕郊买了房子！

　　他买了一套二手的小两居室，七千多元一平方米。我们坐着长途公交车颠簸了两个多小时来了次跨省旅游。房子不大，装修也是当时户主留下的，但我们看得出他对自己的小家十分爱护，家里的各种绿植、书画，全是他自己跑到二手市场或者在淘宝淘来的。

　　我们祝贺他不声不响地就把梦想实现了，他笑着说："还早呢，我买不起北京的房子,先买个河北的再说。"

又是几年过去了,这几年他每天早起坐公交从"睡城"燕郊晃晃悠悠两个小时到公司上班。他说他不光睡在燕郊,也睡在燕郊到北京的路上。公司在这几年逐步壮大,他也从一个打杂的成长为了部门经理。

有时候,我们几个坐在一起瞎聊,说什么时候才能在北京有个家。他总是乐呵呵地说:"别着急,不行就先和我做邻居,咱们'曲线救国'呗。"

这下,他"救国"完成了,在亦庄买了一个小三居,虽说房子还是在郊区,但他却不再需要每天颠簸着跨省上班了。更重要的是,他赶在了2016年房价上涨之前买了房,而且是低买高卖,先订了新房子,再卖燕郊的房子。燕郊房价已经从当年的七千多元涨到了两万多元,他赚了小两百万的差价。

那些不动声色的人往往在我们喊着"不可能"的时候,却在默默积累着,寻找人生各种可能成功的方法。

◆ 4 ◆

有一些朋友经常会在我的微信公众号里提问:你如何能在这么短

的时间里做这么多事情的？

就像我标签里写到的：半年10个企业录取通知，3个月考上博士，一个月瘦了20斤……其实我获得这些所谓的成绩，主要都是一个原因——我比你老。

没错，我看这些提问的朋友的资料，发现他们大多是"小朋友"。他们求知欲旺盛，上进心爆棚，但或多或少都有一些迷茫，有时候也会有一些懒怠，但将我和他们对比一下，那时的我远远不如他们这般积极努力。

你们看到了我一个月瘦了20斤，但我也曾经每年"三月定减肥计划，然后持续一年徒伤悲"；你们看到我用了3个月考上了博士，但我考博士的想法可是整整持续了3年多；你们看我半年拿到了10个企业录取通知，但我求职初期那段时间的困惑、迷茫甚至自暴自弃，你们又怎能看见……

那些不动声色就搞定一切的人，往往看起来云淡风轻，但背后却暗潮汹涌。他们不是不曾失败，而是失败了更多次之后，才拥有了可以成功的经验和积累。

那些不动声色就搞定一切的人，在面对压力和挫折时，往往会以一种向上的姿态来应对。那些经历过被千人指、万人骂的人，绝对称得上是拥有大心脏的人。而他们的心脏足够大,坚持的意愿也足够强,更重要的是他们始终相信:与其急着用语言反驳,不如用行动和结果让所有人信服。

最后,我送大家一句话:你不动声色地承担、坚持、付出、前行,总会有一天,你的成果会让所有人看见。

CHAPTER 02 / 舍得对自己下狠手，生活才会对你温柔

快速成长，把注意力放在自己身上

对自己狠的人，

都会毫不犹豫地撕下那张看起来美好的面具，

然后用果敢和决绝的态度去雕刻和拥抱一个全新的自己。

> 舍得对自己下狠手，
> 生活才会对你温柔

你那么着急想要答案，
其实只是需要一个肯定而已

◇ 1 ◇

去年有一段时间我比较清闲，给自己定了个小目标：每周做一次公益咨询。

结果读者问了我各种各样的问题，求职的、求学的、育儿的、减肥的，不说我有多专业，但至少我把这几件事都做得还算有点成绩。

于是，在每天上下班的路上、孩子睡觉之后，除了写作，我把时间基本上都用来回复大家的问题了。说是一周做一次公益咨询，其实在三个多月的时间里我差不多把一年的任务都完成了。

到了9月份，因为工作调动的原因，再加上二宝的出生，我把豆瓣的周记连同公众号的更新基本都搁置了，但当我看到问题时，还是会尽量找时间回复。

有付出，就会有回报。这件事给我最大的回报，就是我拥有了一群可爱的铁杆读者。之前有位读者感谢我"帮助"他考上了研究生，但我早就不记得自己当时说了什么，无非是一些自己觉得实用的方法。或许是因为我的某句话，他最终真的实现了自己的梦想，这种因为我或多或少的付出，给别人带来很大帮助的成就感真的特别棒！

但我仔细想想，真的是我帮了他吗？其实不是，我没有考过研，我给不了他系统的解决方案，我说的那些都是一些没有实际操作性的方法，但我敢肯定，我一定说了一句话："你一定可以的！"没错，就是这句话，一句最虚头巴脑但也最有用的一句话。

当我们彷徨无助时，最喜欢向别人寻求指导或咨询。在他人看起来，我们要的是解决问题的方法，但其实绝大多数人需要的，仅仅是一个肯定而已。

你不要小看一个肯定，因为在坚持的路上，自我怀疑、自我否定是最可怕的。

既然选择了一条困难的路，你就必然会经历各种痛苦，而痛苦最深层的来源其实是对自己的否定。

我们确定了一个目标，列了很多计划，但总是执行不下去。其实,执行不下去的理由,不是你不知道该怎么办,而是你一直在纠结:我能不能考上研,我能不能找到工作,我能不能减下体重。说白了,你就是不自信。

其实我是一个比较慢热的人。在我刚入职的时候,领导经常鼓励年轻人在会议上多发言,大家都跃跃欲试,而我却总躲到后面。因为我不自信,担心自己说了一些不专业的话而被人笑话。但我越是不自信,这种不自信就越是影响我每次的发言质量。

在每次会议上大家都要轮流发言,越是要轮到我了,我就越是头脑一片空白,最后站起来乱说一通,然后心情低落地坐下,一握手心全都是汗。

后来,领导的一句话让我发生了巨大的改变:不要怕问愚蠢的问题。是啊,因为自卑而把自己封闭起来,才是更大的愚蠢!

因为这句话,我的心结解开了,压力也放下了,在别人发言时,我就一边听一边整理自己的思路。以前我是因为害怕而让自己无所适从,现在压力放下了,事情反而变得简单了!

2

最近,我成了"在行"的重度使用者,这是我以前从来没想过的。因为一直以读书为乐的人，就很容易陷入读书的圈子，但世界那么大，变化那么快，一味地封闭自己的人必然会被淘汰得更快。

大家都知道我最近的目标是在100天内使公众号的粉丝到5万，而我最近在"在行"约见了一些自媒体界的"大咖"。与他们的短短一个小时的交谈，彻底颠覆了我这半年来对自媒体的一切认知！

当然，那些运营的思路和方式也让我受益匪浅，但对我来说，最重要的收获其实就是得到了别人的肯定！

让我印象最深刻的是我和Mr.X的一段对话，这对话彻底让我有了信心。

Kris："您说我这个目标能实现吗？有得搞吗？"

Mr.X："有得搞！干！"

舍得对自己下狠手，
生活才会对你温柔

世界太芜杂，如何找回我们的专注力

<1>

这是最好的时代，也是最坏的时代。

以前的我们求知若渴，却没办法去看看外面的世界；现在互联网大行其道，世界尽在我们眼中，我们却发现这些海量的信息反而让我们失去了关注的焦点。

手机、网页、邮件、电话……在信息爆炸的时代，每个人都可以联通世界，而每个人又被这个世界所淹没。阅读被碎片化，工作被碎片化，甚至吃一顿年夜饭也变成了大家围在一起抢红包。

在这个复杂的时代里，我们有太多事情需要去做：我们要努力学习，要提升自己，要认真恋爱，要娶妻生子……所有这些又岂是看几篇微信公众号的文章，看几集热门的影视剧所能实现的？

在如此芜杂的世界里，我们似乎已经忘记了该如何保持专注，如何避免我们的大脑不堪重负。

2

有朋友发私信问我，为什么他自己总是没办法集中精力做一件事，比如读书，他看两三页发现一个名词没听过就停下来刷手机，找到名词了，刚好旁边弹出了一条娱乐新闻，标题真逗啊，他赶紧看看，又去了娱乐版块，接着又到了体育版块……循环往复。

其实，他提的问题他自己已经回答了。

我们为什么会失去专注力，因为我们的大脑每天都充斥了太多信息。

人都是充满好奇的，谁不愿意看那些好玩、不费脑、随手就可以刷的东西呢？而正是这种好奇的天性让我们的大脑越来越"肥"，这其实和我们的身体发胖的过程是一样的。

身上有太多无用的脂肪，我们可以减肥；脑子里有一堆无用的信息时，该怎么办？

你肯定会说给大脑"减肥"！但减肥何其难，很多时候我们只是说说而已，给大脑"减肥"也是如此。

舍得对自己下狠手，
生活才会对你温柔

有个朋友去年花了几千块钱报了一个时间管理培训班，学习了各种理论和实践的知识，学完之后跟我们喝酒吹牛："我现在感觉脑子特别清楚，哥们儿我从此站起来了！"

没过多久再和他见面，我们问他："站起来的感觉怎么样？"他脸有点红："事情太多，站一会儿就累了……"

其实，时间管理的精髓——每次只做一件事，不就是给大脑"减肥"吗？

我一直觉得我妈就是个时间管理小达人，她从来没听过、更没学过什么时间管理，但她总说："你不要想一口吃成胖子，做事要一件一件地来。"比如打扫卫生，我每次看见衣柜里边乱糟糟的，地板脏得受不了，就开始打扫，可刚清扫几分钟，就觉得太麻烦了，把抹布一扔，觉得还是刷手机好玩。

但我妈每次都是慢条斯理地专心去做一件事，扫地就是扫地，不管那些乱七八糟的衣柜，正像著名"鸡汤"里说的——"慢慢来，会很快"。

所以，要保持专注，给大脑"减肥"，最重要的就是要每次只做一件事。

3

我知道这句话满足不了大家，太"形而上学"了。好，接下来我就介绍下我自己的经验。一旦你静不下心来，无法保持专注时，就试试这些方法，希望这些方法对各位有用。

在保持专注之前，你要先给自己洗一下脑，一是要知道自己无法保持专注的原因：就是我们大脑关注的信息太多了，而很多事情一旦被打断，恢复起来可不容易。二是你要知道无法保持专注的后果：就是当大脑聚集的信息太多时，大脑的CPU（中央处理器）处理不过来，就会出现高度运转却又高度紧张的状态。

洗完脑了，我来说说到底怎么给大脑"减肥"。

第一，保证好的睡眠和适度的运动。

你不要以为自己是超人，有钢筋铁骨的身躯，我们的大脑需要保养，而最好的方式就是睡眠。都说"好驴一个滚，好伙一个盹儿"，早睡早起30天，保证你精力充沛，脑子非常清醒。

当然这还要搭配适当的运动，越是忙碌，越要抽时间锻炼身体。

我们大脑里有个海马体，它主要负责我们的认知和学习。实验发现：当我们运动时，海马体会异常活跃，我们学习起来自然会事半功倍。

舍得对自己下狠手，
生活才会对你温柔

第二，找到合适的环境。

要开启一件事情，必须给予它一定的仪式感。如果你在家里无法安心学习，那就去图书馆、自习室；如果你总是控制不住自己刷手机，那就干脆把手机放在宿舍，学习两个小时又不会耽误什么事情。

环境很重要，你不要说做成一件事只能靠自己，这高估了自己的自制力了。

第三，强迫自己用5分钟时间去开启一件事情。

老话说万事开头难，比如你要写一篇报告，坐在电脑前，憋了几分钟觉得太难了，然后就去刷网页了。但很多时候，你只要能够进入状态开始做，就会发现其实很多事情远没有想象中那么难。只需要5分钟，便会让你的精神高度集中，去想解决方法，实在不行你脑子里想到什么就先写什么。

你不用追求完美，这5分钟不完美，但这是让你进入状态的完美时机。

第四，运用"二八法则"去处理事情。

大家都知道"二八法则"，它其实就是给我们的大脑确定做事情的优先顺序。通常80%的工作业绩，来自那20%的工作内容，所以我们做事情要抓重点。

CHAPTER / 02

比如我复习考博,英语基本没看,因为我知道这一两个月的时间根本无法提高英语,但是我可以用路上的碎片时间来背单词,其实这也是上一点说的,背单词其实可以看作进入状态前的热身活动。而其他的整块时间便可以用来复习可以有很大提升空间的科目,这才是最好的安排。

第五,一件一件坚持去做,没有什么诀窍,坚持就是胜利。

最后我再送各位一个故事:

农夫早上起来,对妻子说他要去耕地了。可是当他走到要耕的那片地时,发现耕地的机器需要加油了,就准备去加油。可是他刚想要给机器加油,就想起家里的四五头猪早上还没喂。这机器没油不能工作,猪没喂可是要饿瘦的,于是农夫决定回家先喂猪。当农夫经过仓库的时候,他看到几个土豆,一下子想到自家的土豆可能要发芽了,应该去看看,于是就朝土豆地走去。他半路经过了木柴堆,想起来妻子提醒了几次家里的木柴要用完了,需要抱一些木柴回去。当他刚走近木柴堆,发现有只鸡躺在地下,他认出来这是自己家里的鸡,原来是鸡的脚受伤了……

就这样,农夫一大早就出门了,直到太阳落山才回来,忙了一天,晕头转向。结果呢? 他猪也没喂,油也没加,最重要的是地也没耕。

舍得对自己下狠手，
生活才会对你温柔

唯有前行，可破焦虑

⟨1⟩

这辈子，我都忘不了5年前那次面试的无助和困窘。

当时，在清华大学附近的一家星级酒店里，我参加了人生中第一次群面。在偌大的办公室里，稀稀拉拉坐了8个面试者和3位面试官。

在面试的半个多小时里，有人争做leader（领导者），口若悬河地陈述自己的观点；有人抢着计时，3分钟一提醒；还有人金点子频出，我都想给他的创意"跪"下了。当然，其中还有一个我，坐在最中间的我更像是个面试官，一言不发。

我几次尝试开口说话，但都不知道该说些什么，好不容易想到一个点子，话到嘴边又被人抢先回答了。就这样挣扎了20分钟之后，我开始缴械投降。耳边针锋相对的声音我已经听不到了，我脑子里想的

CHAPTER / 02　　　　　　　　　　　　快速成长,把注意力放在自己身上

是,我这么差,怕是一个录取通知都没有拿到。

焦虑,令人窒息的焦虑。

2

面试终于快结束了,旁边一位清华的哥们儿在做总结陈词,焦虑的我早已经迫不及待地想要离开这间屋子了。我明明看到窗户是开着的,却感觉快要透不过气来了。

"这位同学没有说话,要不请您再说几句?"我一晃神,清华哥们儿向我挥手致意。

突然一下子,全场都把目光聚到我这里。在和我说话吗?我以为可以就这么结束了,为什么还要让我当众抬不起头来?

"呃……那个……我……没有了,谢谢大家。"

在面试官说完"感谢"的一刹那,我顾不上什么优雅,夺门而出。走出酒店,快日落了。我沿着马路走走停停,似乎什么也听不到,什么也看不清,只是这么走着。踱到公交站牌,我一看密密麻麻的路线,感觉有点眩晕。算了,走回去好了,24公里,我就这么一直走着。

焦虑,无比焦虑。

我脑子里全是当时被虐的画面,想着为什么刚才不说句话?为什

么走时那么失态？为什么？但我没有答案，只有焦虑，焦虑自己不懂面试技巧，焦虑自己和别人有那么大的差距，焦虑自己找不到工作。

走了差不多两个小时，天已经完全黑了，我问自己："焦虑有用吗？有用吗？有用吗？"

没有用！我就不信自己搞不定！

上了公交，回到学校，我打开电脑，开始疯狂地下载各种有关面试经验的帖子、视频，然后一个一个地看。看着看着我又想起了下午被"鞭尸"的场景，我站起来甩甩头，告诉自己一定能搞定。我边看教学视频，边做笔记。宿舍晚上11点熄灯，我觉得没看过瘾，带着电脑又跑到旁边的麦当劳接着看。

就这么疯狂地看了一周，我把自我介绍背得滚瓜烂熟，把简历改了一遍又一遍，把群面的经验刻在心里。一次不行，我就练第二次。第二次稍有起色但依然平庸，我就继续总结教训再做练习。

就这样，在6个月的时间里，我真的把工作搞定了，而且还一口气拿了10个企业的录取通知！

3

不知道你们有没有这样的经历：你还有一份报告没写完，明天

CHAPTER / 02

一早就是截止日期了。你打开文档憋了两个字,突然弹出一个网页。哇,他俩竟然结婚了,你赶紧点开页面看。从微博到百度百科,从各种绯闻再到以前的黑历史,终于你对这两个人的恋爱过程比他们自己都清楚了,这才心满意足地关上网页,重新把文档打开。

你又憋了两个字,感觉这报告太难写了,还不如先给闺密打个电话休息休息。于是你靠在床上,开始和闺密聊这个、聊那个。当你聊得口干舌燥之时,发现已经晚上10点半了,再不写报告就又得熬夜了!

挂上电话,你重新开始写,却依然写不出。还是看看有什么类似的范文吧,说不定有灵感呢?你搜"范文"时看到了某条新闻,这个好玩儿,你点了进去,各种相爱相杀的爆料看得好生过瘾。看完之后,眼睛乏了,你看了眼时间刚好深夜12点,"啊啊啊,我不要熬夜啊"。

怎么办?好焦虑啊,为什么还是写不出,这篇报告明天可是要交的,交不上怎么办,会不会被批评?写不完还要熬夜,熬夜脸上又要长痘痘了……

你去洗手间抹了把脸,坐在电脑前,开始疯狂码字,"哐哐哐",竟然不到一个小时就搞定了。

你写完之后一身轻松,给自己"点个赞",告诉自己还是挺棒的！你下定决心下次一定先把报告搞定，再也不要因为不专注而焦虑不安了。

但是，下次会好吗？反正我不信。

4

我的一个本科同学有段时间感觉很抑郁，原因很简单：他有严重的社交恐惧症。他害怕和别人聊天，不想跟别人说话，即使有人主动找他，他也战战兢兢，从不敢看对方的眼睛。

为了让自己看上去更充实，他从大二便开始考ACCA（国际注册会计师），结果越考越不爱社交，而越不社交，社交恐惧症就越严重。第一阶段的试题简单，他顺利通过，到第二阶段难度大了，他发现自己所擅长的考试也变得没那么容易了。

复习备考是孤独的，他越孤独，就越焦虑。他想找人倾诉，但又不敢迈出那一步。

马云说："很多年轻人，晚上躺在床上想了千百条路，但早上一起床又接着走原路。"他说得太对了，这些年轻人也像极了我这位曾经迷茫、焦虑、看不清人生方向的同学。他那么想和人亲近，却总是欲言又止，陷入深深的焦虑之中。

但给他带来转机的恰恰是考试的失利,他原本以为自己雅思过了出国应该没问题,而且去了国外就自由了。但录取通知书没有来,他申请的学校也都给了他拒绝信——他不得不开始找工作。

而在求职的路上,他不得不去面对陌生人,不得不开口讲话,不得不去做一些以前不愿意做的事情。当嘴打开了,心扉也慢慢打开了。在求职的半年里,他竟然慢慢地开朗了起来。后来他去了一家很好的公司工作,半年之后终于成功申请去香港大学读书,毕业之后去了一家大公司当起了会计。

前年去深圳,他专程从香港跑过来,非要请我吃饭。几杯酒下肚,他说:"Kris,你知道吗?如果不是那次失利,我说不定已经死在了英国。"

5

在疯狂减肥的那段日子里,我把《激战》看了一遍又一遍。

里边的一句台词深得我心:怕,你就会输一辈子。

我想起第一次跑马拉松的事,临跑前一周,我紧张得不行:我是不是训练不够,会不会中途退出,焦虑得整夜无法入睡。但当踏上跑道,和那些跑者们一起前行时,我突然发现,那个看似漫长的跑道其

舍得对自己下狠手，
生活才会对你温柔

实并没有那么让人恐惧。

很多时候，我们的焦虑来源于我们给自己设定的目标，我们努力的驱动力来源于目标，但同时又受限于目标。实现目标如同爬山，远处的山那么壮观、那么美，但我们走到山脚下却发现山又是那么遥远、那么高。

那些放弃的人，选择在山脚下焦虑；而那些勇敢前行的人，最终登上了山顶。

CHAPTER / 02

真正的"学霸"是什么样子的?

提到"学霸",我首先想到的就是我的两个高中同学,但是这两个"学霸"却是完全不同类型的人。

先大概讲一下我们老家的情况。我老家在山西一个小县城里,全县20多万人,只有一个示范性高中和一个职业性高中。在我高考的2005年之前,我们县基本保持每年一个清华、一个北大的升学状况。

第一个"学霸"同学L,当年高考成绩是全省文科第二名(全省第一是复读生),他考上了北大的中文系,本科之后被保送读研究生,目前在政府部门工作。

我们对L印象最深的有两件事:

第一件是他高中三年几乎从来没有穿过新衣服。在我的印象中,除了夏天,他基本上就穿两条裤子,一条黑色,一条深蓝色,而且还都是九分裤。

舍得对自己下狠手，
生活才会对你温柔

从秋天到冬天，他那两条九分裤一点点被里边的秋裤、毛裤填满，鼓鼓囊囊地变成了紧身九分裤。没错，他的家庭条件虽然不算非常差，但至少谈不上好。

他的父母是工人，但后来下岗了，家里有两个孩子要照顾。前年的时候因为家里的一些原因，我才了解到他的父母在申请低保。

第二件事是关于高二的时候文理分科的事。当时我们班有50人，40人留下继续读理科，其余10人去了文科班，其中就包括L。

分科之后，因为还有会考，所以文科生依然要学物理、化学这些课程，而大部分的文科学生对于这些理科课程，大多持着"只要及格就行"的心理。那些本来就不喜欢的各种难题，也就被扔到一边了。而L不一样，他依然把这些课程看得很重，经常跑回班里找W请教（没错，W就是接下来要说的另一位"学霸"）。W理科成绩极好，每次边给L讲题，边开L的玩笑："你说你一个文科生做这种题干什么？"

L不以为然："你再给我讲讲，我还是没听懂……"

中考的时候，他的成绩算不上拔尖，应该在全县15名左右，进入高一，他的成绩依然保持在15名左右，我们在他身上完全看不出来他要成为超级"学霸"的迹象。

而且说实话，有不少同学对他是有点瞧不上的，因为他太用功了。他上课认真听讲，课后认真做作业，但是很明显，他的理科成绩和我们是有差距的。

我们那边重理轻文，觉得那些理科厉害的人才是真厉害（当然后来越发觉得那时真是幼稚），所以即使成绩没有L好的人，对L也没太放在心上。

但是，在文理分科之后，尤其是进入高三之后，L一跃成为文科班的第一名，而且成绩稳定到"令人发指"。

一方面，分科的时候，全县前十名仅有一个人去学了文科，当然他的名次就上去了；另一方面，虽然分科之后我们就没什么交集了，但我依然能从他父母的口中得知他的消息——高三那年，他几乎没有在12点以前睡过觉，每天就是苦学，极有毅力。

高考分数出来的时候，我们这些曾经和他成绩差不多的理科生都被震惊了，但无一不为他鼓掌，因为他的成绩配得上他的勤奋。

高考后，他顺利进入了北大中文系，后来我们和他就很少联系了。

我只听W讲过L的一个故事：L是宿舍里年纪最小的一个，宿舍所有人的水都是由他负责打的，所以大家经常看到他拿着四个暖水瓶吃力地走回宿舍。

我想，不是大家以大欺小，而是他就是那么一个非常勤奋而且懂得付出的"学霸"。

第二个"学霸"同学W，也是北大的，只不过比我们要小一届。因为当年应届考试的时候他还差几分才能考上北大，所以选择了复读。后来第二年他卧薪尝胆，顺利考取了北大，学的是计算机专业。

W和L不同，他从小到大都是"学霸"。这么些年过去了，无论是在大学还是在工作以后，我依然没有见过比他智商更高的人。

小学那会儿有"迎春杯"奥数比赛，第一次选拔考试，也就是看看这帮孩子谁能上奥数辅导班。结果作为全校前五名的我，考了47分（满分100分），然后我的另一个"学霸"同学（中科院博士毕业）考了66分，但W居然考了92分……

你们懂的，小学时候成绩好点的基本门门都是90分以上，谁考过不及格啊？！当时，我拿着47分的卷子，第一次意识到：人的智商是有差别的。

W有个习惯，看书的时候喜欢用手指不停地翻书页，做题的时候喜欢咬纸边。每次看到他在咬纸边，我们就知道他在做难题。他做题的时候很有个人特色，从不打草稿，我们经常看到他一边咬纸边，一边目不转睛地盯着题目，过一会突然拿起笔三下五除二地把答案写上，然后交卷，留下我们苦苦挣扎，慨叹他的残暴。

他不喜欢上课，却喜欢上自习，具体表现是在上语文课的时候他看数学，上数学课的时候他看物理，上物理课的时候他看化学……总之，上什么课他就不看什么书。

开始的时候老师们对他很不满意，但是看他每次都是全班第一名，也就只能睁一只眼闭一只眼了。

当然，他也有短板——语文，但短板的意思是，不是全校前十，仅此而已。

他爱好很广，看书很多。小学的时候，我们都还在看《葫芦娃》，他就在看《大百科全书》了。有一次我们去他家看到桌上摆着那套书，厚厚的4本已经被他翻烂了，所以，从小他的课外知识就很丰富。

我们印象很深的一次，有个同学自诩地理知识丰富，然后问小伙伴们各种地理问题，其中有一轮W加入了，那个同学的问题是，不同国家的首都都是什么？W对答如流。最后，那个同学出了绝招，说："这个题你肯定答不上来！卢森堡的首都在哪里？"W一笑："卢森堡！"然后那位同学就崩溃了，W转身接着看文曲星、玩俄罗斯方块去了……

W喜欢音乐，而且会读谱，自学成才。有一年元旦晚会，他拿了

舍得对自己下狠手，
生活才会对你温柔

支笛子给我们演奏，吹笛子是他自学的，你提歌他来吹，各种即兴演奏，令我们听得五体投地。

W很狂，或许是因为太顺利了。但是第一年高考对他来说是个打击，他考完之后，成绩差北大几分，但是同时北航的通知书来了——即使他没报志愿，北航也愿意接收他入学。W没有接受，选择复读。

当我们去北京体验美好的大一时光时，W却一个人留在了县城继续读书。

春节的时候同学聚会，W像变了一个人似的，半年时光就瘦得不成样子了，头发也掉得非常明显，也没有以前那么能言善辩了！

后来他如愿考入了北大，然后年年都考全专业第一，却不再像以前那么轻松了。

他和我们说，当时上第一节数学课，老师说："你们这周自己把微积分学了，我们上课就不教这个了。"

原来，他们班的同学全是各地的状元，很多人早已经把大学课程学得差不多了。

W的压力之大可想而知。

大学几年，我们联系很少，只知道每次联系他时，他都在学习。

大四的时候，他顺利被保研了，但他却并不开心，因为以他的成绩他本应该能出国的。但因为这样或那样的原因,他选择在国内读研。那天,我们一起庆祝他毕业,他喝多了,低头趴在桌上自言自语:"我容易吗?我不容易啊,我不能给山西丢脸啊!我成绩不好,会影响以后省里的录取率啊!"(不知道是真是假……)

前年,他顺利拿到录取通知去洛杉矶读博了,临走的时候,他说:"我就去做研究了。"

祝福他!

两个"学霸"的故事讲完了,我总结一下:一个是勤奋型的,一个是天赋型的。但是你们也看到了,最后天赋型的也变成了勤奋型的。

舍得对自己下狠手，
生活才会对你温柔

不要屏蔽你的"黑历史"

⟨1⟩

很多人会说，成功人士之所以对自己的"黑历史"那么坦荡，是因为他已经功成名就了。成功的人对于以前的失败和窘迫当然可以看得云淡风轻，但对于我们普通人来说，"黑历史"自己藏着就好，何必招摇过市？

我并不赞同这个观点。对于那些喜欢屏蔽自己"黑历史"的人来说，他们其实会进入一个误区：都说忘记历史就意味着背叛，普通人忘记"黑历史"没有背叛那么严重，但是在不断消灭那些灰色记忆的过程中，他们会让自己在潜意识里构建一张虚幻的网——以前的种种过失虽不光彩，但经过自我掩盖之后，他们就会感觉"我其实是完美的"。

换句话说,"吃一堑,长一智","黑历史"就是我们的"堑",我们把"堑"吃了却硬要逼着自己忘记,这样做智慧反而并不会见长。

我们老说,人要重新开始,就要忘记过去,但这里的"忘记过去",不是说要将过去彻底从自己的人生中删除,而是要善待回忆,理性对待差距。善待回忆的人,才能救赎自己。

人正因为深刻认识了自己和别人的差距,才会更加拼命地向前奔跑。

2

"黑历史"除了"差距"这个代名词外,其实还有另外一层含义,便是"知耻而后勇"。

越王勾践的故事我就不用说了。当我们把过去的伤痛赤裸裸地展示给别人看时,这一方面是对自己过去的释怀,同时也是对未来的一种激励和期待。

当年那个大腹便便的我在发誓要减肥的时候,做了一件很"鸡汤"的事——把自己肥胖时的照片打印出来贴到墙上。我每天下班回家,倦怠、疲累、不想跑步的心情总是被那张肥胖时的照片弄得一扫而空。我一想到以后要以这样一种臃肿的身材过一生,就觉得这简直对自己太不负责了，于是赶紧去跑步健身。

当然，下意识地隐藏自己的缺陷是一种本能，但是那些我们不希望被别人看到的、知道的东西，其实恰恰就是我们最应该面对和克服的障碍。

我们切断了痛苦记忆，屏蔽了"黑历史"，便放弃了成为更好的自己的机会。

我们坦然接受"黑历史"，并不是要和那个不够好的自己握手言和，而是让那个不够好的自己不断地鞭策未来的我们。

对自己狠的人，都会毫不犹豫地撕下那张看起来美好的面具，然后用果敢和决绝的态度去雕刻和拥抱一个全新的自己。

当你处于人生低谷时，往哪里走都是向上爬

①

因为一篇关于自律的文章，我在微信后台收到了很多读者的留言，他们不论是咨询与求职、减肥、考试相关的问题，还是想要知道如何培养自律的习惯，大多数人都会表达想摆脱目前这个低谷期的愿望。

说实话，前面的问题，我可以讲讲自己的经验，但关于如何摆脱低谷期的问题，我还真不敢妄言。

我们都说没有一帆风顺的人生，关于那些风光无限、站上人生巅峰的"男神""女神"，没有人知道他们都经历了些什么，更何况我们这些芸芸众生呢？

我仔细回想了一下自己所谓的人生低谷期。在那些看似望不到尽

舍得对自己下狠手，
生活才会对你温柔

头的黯淡岁月，我最后都咬牙挺过来了。我把自己曾经用过的方法整理了一下，在这里分享给你，说不定对你也有用呢！

2

要想走出所谓的人生低谷，首先必须要做好心理建设，而且是三重心理建设！

第一，谁的人生都不可能是一帆风顺的，谁都会经历人生低谷。

你要把人生低潮这件事看得淡一些，人在失落的时候很容易把自己逼到一个死胡同，钻牛角尖。有项研究说，完美主义者患抑郁症的比例非常高，我想可能就是因为那些追求完美的人无法忍受自己也会低落这件事吧。

第二，处于低谷不会毁了你。

我们首先要看淡自己处于低谷这件事，接着就要看淡处于低谷这件事对自己的影响。换句话说，你已经处于最低谷了，那么费时耗力地纠结真的没什么用。

你考试失败、求职失败、婚姻失败，简直就是这个世间超级倒霉的人，但那又能怎样？如果这是最黑暗的阶段，那应该不会有更黑暗的时候了吧？那还有什么可怕的呢？因为最可怕的很快会过去啊。

CHAPTER / 02

第三，处于低谷意味着你无论怎么走都是向上爬。

其实这就是所谓的"锅底法则"。这个道理很简单：你已经在锅底了，所以无论做什么，都在向上爬，即使站着不动，那也仅仅是维持原样而已。

3

在三重心理建设搞定之后，你需要做三个改变。

第一，什么都别做。

最开始、最重要的改变就是什么都别做。我们不要逼自己，既然低谷不会毁了我们，那我们就静静地待着就好。

其实，什么都别做，是在为之后的改变而蓄力；什么都别做，就是让自己放空，就像把杯中水倒尽，再去求新的水源。

第二，做一点点微小的改变。

你做一个小小的改变，不用期望这件事能彻底让你从低谷中爬出来，这只是给自己点亮的一盏小灯而已。

你可以买一条"购物车"里放了好久的裙子，或者看看那部放在电脑里好久却没看的电影，也可以把那个烦人的衣柜彻底地整理一遍。

相信我，一个微小的改变，是撬动自己的开始。

第三，给自己一个月的期限，设定一个自己最希望实现的目标。

关于这条，你可以参看《如何用 30 天变成一个超级自律的人？》这篇文章，方法论是一样的，我在这里不再赘述了。

之后，循环往复。

4

在改变的过程中，你可以借助三种力量。

第一，释放自己，向亲朋好友倾诉。

我本科时候的一个同学，从大一就开始准备 ACCA（特许公认会计师公会）考试了，他的大学基本上都是在自习室、图书馆中度过的。但到了大三下半学期，考证的压力、期末考试的压力，再加上和舍友之间的一些小矛盾，把他一下子击溃了，他开始整夜地睡不着，甚至想过轻生，没错，他得了抑郁症。

我和他相识是因为我们偶然间一起踢了一次球，我们的球技不相上下，于是我们就经常相约一起踢球。一来二去，两个人越走越近，他也开始跟我倾诉他的困扰，我就在边上骂他自寻烦恼、无端胡闹。

我没想到，当时他被我骂得慢慢开朗起来了。

后来他和我说，他当时的抑郁症其实挺严重的，但是跟我倾诉了之后，他感觉找到了一个出口，把压在心里的东西全倒出来了。

所以，你在低谷时，向他人诉说就是排解苦恼的最佳窗口。

第二，读书和运动是走出低谷的最佳手段。

大家都说"要么读书，要么运动"。前万科高层毛大庆正是通过跑步才逐渐摆脱了失眠、抑郁的困扰。他是这么讲跑步与抑郁症的：他在2012年时因为市场不好、压力大、酗酒等很多问题，他的生活节奏出现了紊乱。他整个人的生活状态非常糟糕，不好的生活习惯让他陷入了恶性循环，还被医生诊断出了抑郁症。

"后来我在郁亮等人的推动下开始跑步。坚持几个月之后，我发现自己的精神状态变好了，整个人都快乐起来了。通过跑马拉松我能感受到很多体育文化和人文的东西，还可以游历不同的地方，完成许多事情。

"很多事情开始都是失败的，不知道为何最后就成功了。跑步对一个人的改变很大，我的感悟就是，很多事情都要去试试。现在我不但能搞体育，而且还推动别人干这个事。44岁也可以去跑步，46岁也可以去创业，你没有什么不能干的，自己去体验吧。"

第三，和别人比惨。

这点是我自创的"邪门歪道"，各位谨慎使用。其实这个方法就

舍得对自己下狠手，

生活才会对你温柔

是去网上搜各种悲惨的社会新闻。相信我，不用半天你就会庆幸自己还活在这个世界上。

大三的时候，因为学生工作很累，学习成绩又很差，我觉得自己简直糟透了，感觉很迷茫。但我无意中在网上看到一个帖子，看完后，我觉得我的人生简直是太美好了，哪里有那么多的不顺和抱怨呢？

和别人比惨，相信我，通常你都比不过。

泥潭、沼泽固然恐怖，但你盲目挣扎反而会失去了求生的可能。其实，最可怕的不是低谷本身，而是当你陷入低谷时不知道如何拯救自己。不要问我你什么时候才能走出低谷，什么时候才能变得快乐，因为通往理想生活的路是从你自己脚下开始的。

既然我们已经跌入谷底了，那么无论往哪里走，其实都是向上爬！

如果只凭兴趣，你注定一事无成

<1>

周国平曾在随笔集《人与永恒》中感慨："一件事情，即使是我感兴趣的，一旦作为任务规定下来，非做不可，我就会忽然提不起兴趣来。当然，还有另一种情况：如果没有某种外部强制，只凭兴趣，也许一件事情也不能做到底。"

兴趣固然是最好的老师，但有一句话是这么说的：师父领进门，修行看个人。兴趣其实更多是扮演一个"领路人"的角色，对于做一件事，如果你仅仅依靠兴趣，怕是困难无比。

那年高考之后，我们家里人围在一起商量填报志愿的事。那时候，我特别喜欢看各种娱乐新闻，尤其喜欢看那些花里胡哨、炫酷无比的片头视频，所以提出报考中国传媒大学的影视制作专业。爸妈听了显然有些震惊。

中午吃饭的时候，妈妈边夹菜边和我说："孩子，有兴趣是好事，但是当兴趣变成了职业的时候，可能就没有想象中那么有趣了，你再想想看？"

我听完之后，感觉醍醐灌顶。我试想了一下自己从此要依靠制作视频谋生，一干就是一辈子，瞬间吓出了一身冷汗。是的，这种想法可能仅仅是自己的一时兴起，远不能作为可以为之奋斗一生的目标，我怕是做一两卷视频就再也提不起兴致了。

这种兴趣，其实叫"好奇"更为合适，或者充其量只能叫作"浅层次的兴趣"。

2

那么，如果那些是自己真正的兴趣，能不能当作自己为之奋斗一生的事业呢？

高晓松在谈到这些年中国流行音乐的变迁史时感慨："在前些年，被盗版、互联网等免费资源折磨得伤痕累累的音乐出版行业，流失了大量的音乐人才。他们迫于生计，放下了热爱的吉他，有的移民海外，有的下海经商，他们都是一些真正热爱音乐的人。但世界就是这

CHAPTER 02

样,当我们连最基本的生存需求都无法满足时,或许那些自己热爱的兴趣只能暂时靠边。"

此去经年,当你功成名就之后,再去拿起那满是尘土的旧琴,怕是已经忘了该如何去弹。

兴趣或者爱好,更像是内心的一团火,有时炽烈,有时微弱,但这团火总不会熄灭,只是在不同的时代,在不同的情境下,有的始终绽放,有的悄悄尘封而已。

高晓松也说:"我运气好,若不是运气好,怎么能凭着这时代的那一点可以换钱的营生,坚持在自己最热爱的音乐的第一线?而那些离开的人,我不能说他们不热爱音乐,但他们留下的只能是一声叹息。"

有时候我们不只需要兴趣,还需要钱去保证自己生活下去,去养活自己,去养活自己的亲人。

3

有了兴趣,有了钱,我们还需要什么?

民国时,大家辈出,梁思成是建筑领域的翘楚,而成就他的除了兴趣和钱,还有对家国的一份热爱。

舍得对自己下狠手，
生活才会对你温柔

1937年，北平沦陷。1938年，清华、北大、南开的三校师生，承载着中华文化的血脉加入了"联大长征"的南迁队伍之中。他们抵达昆明后，西南联大才正式成立。

摆在校长梅贻琦面前的第一大难题便是校舍的问题。梁思成、林徽因夫妇来到昆明，被委派设计西南联大校舍。一个月后，一个一流的现代化建筑跃然纸上，但这个方案立刻便被否决了，因为学校根本没有那么多钱这样造。之后，梁思成改了一稿又一稿：高楼变成了矮楼，矮楼变成了平房，砖墙变成土墙……但学校的财政状况非常拮据，设计稿依然通不过。

梁思成忍无可忍，冲到梅校长的办公室说："改改改，你要我怎么改？茅草房每个农民都会盖，那要我梁思成干什么？"

梅校长捡起梁思成扔在地上的一张张设计图纸，说道："思成，等我们抗战胜利后回到北平，我一定请你来建一所世界一流的清华园，算是我还给你的，行吗？"

梁思成接过图纸，已经哽咽了。

半年后，一幢幢茅草房成了西南联大的校舍，我们把这份家国情怀，唤作"信仰"。

◆ 4

俄国伟大的作家陀思妥耶夫斯基说:"凡是新的事情在起头总是这样的,起初热心的人很多,而不久就冷淡下去,撒手不做了。因为他已经明白,不经过一番苦功是做不成的,而只有想做的人,才忍得过这番痛苦。"

要想干成一件事,你无论对其有没有兴趣,都需要一个品质——坚持。

在生活中,我们总喜欢拿兴趣说事:"我对这门课没兴趣,不听也罢。""我对这份工作没兴趣,辞职也罢。""我对'女神'没兴趣,不追也罢……"其实,我们口中的"没兴趣",背后隐藏的是自己根本就搞不定这件事。

看似是兴趣的事,其实兴趣只是一个借口罢了。你不愿意做某件事,大部分是因为自己不擅长或者搞不定。

很多人兴致勃勃地投入自己感兴趣的事情上,但坚持不了几天,就被打回原形,然后安慰自己:我尝试过了,发现这个并不是我的兴趣所在。但天下哪有只靠兴趣就一蹴而就的事情呢?

舍得对自己下狠手，
生活才会对你温柔

你焦虑，是因为你太闲了

⟨1⟩

我仔细回忆了一下过往，发现自己每次忧愁、焦虑的时候，都是在空闲之时，这时候我满脑子就会开始胡思乱想、杞人忧天。

最近暴涨的房价让大家又一次重提"逃离北上广"这个话题。来到北京十几年，我最想逃离的时候，不是求职碰壁、房价翻番的时候，而是大四保研后的那段闲暇时光。

大三一整年我都在努力筹备考研的事——咨询有关报考的事、上辅导班、做练习题——那一年我特别忙碌，却也过得特别充实。即使不一定能考上，我也始终以一种昂扬向上的状态朝着目标努力着。后来我突然被保研了，在本来计划好的考研冲刺的一年时间，我一下子变得悠闲惬意起来了。

CHAPTER / 02

身边考研的小伙伴都很羡慕我,觉得我躲过了这座千军万马都要过的"独木桥"。

刚开始,我也暗自得意:既然我被保研了,那就好好犒劳一下自己,放松放松。于是,以前雷打不动的晚上11点睡觉早上6点半起床,后来变成凌晨3点入眠中午12点才睁眼;以前我每天下午总会抽出半个小时来跑步,这下也被玩游戏、看电影取代了;以前我在自习室里一坐就是十几个小时,后来变成一整天都不下床,连吃饭都只点外卖了……

闲下来真的挺舒服,我似乎过起了"无忧无虑"的生活,但这种无忧无虑仅仅持续了不到一周,我就开始恐慌起来了。因为这种看着别人每天早出晚归忙忙碌碌,自己却整天无所事事的状态,很容易使自己产生空虚感,进而进行自我否定。

看着周围的人都那么努力,我觉得自己不适合这个忙碌的时代,不适合快节奏的生活。看了几篇关于北京房价的文章,我怀疑自己这辈子都不能买到北京的一套小房。我连续熬夜几天,身体开始透支,总觉得自己就要"挂了"。

总之,闲下来不久,我就进入了高度焦虑之中。

舍得对自己下狠手，
生活才会对你温柔

2

有一位教育学家曾经说过：忧愁从不会在你展开行动时偷袭你，它总是在你头脑空闲时进攻你。于是你开始天马行空地胡思乱想，想到各种可能发生的情况，扩大所有的细枝末节。在这种时候，你的心像空转的发动机一样，终将自我毁灭。

是啊，焦虑像肆意蔓延的病毒，刚开始你只是焦虑你不能胜任工作，然后延伸到你不能承担家庭的重担，接着再逐步扩散……

很多抑郁症患者都曾说过，他们失眠的原因是每次躺在床上思考的事情太多，担忧的事情太多，一旦开始想就根本停不下来，于是进入了一种恶性循环。

在一次大学生创业活动中，我认识了一位师兄，他从一家国有银行总部辞职，开始经营老家的水果生意，他在活动中分享的主题是，从雄心勃勃到抑郁焦虑，再到内心平静。

一个从大国企出来的大学生回老家卖水果，在那个年代是很轰动的，当地媒体争相报道这件事，他的水果店一下子人头攒动。但没过几个月，因为他在经营管理上的经验不足，而且要做的事也很琐碎，他开始整夜整夜地失眠。他坦言，他那会儿是得了抑郁症。

尽管他已经足够努力了，而且水果店的状态也在一天天好转，但他发现焦虑与忧愁似乎已经成了一种习惯，而他已经摆脱不掉这个恶习了，精神几近崩溃。

在绝望的状态下，他决定换一种生活方式，他开始让自己变得更加忙碌。以前每天工作8个小时已经很辛苦了，现在他每天工作十五六个小时。他经常一大早就赶到公司，一直干到深夜。而最直接的结果是，每天一到家他就已经精疲力尽了。一躺上床，他就能瞬间睡着。

他这种极度亢奋的状态差不多保持了3个月。有一天周末，他从沉沉的睡眠中醒来，阳光从窗户照进来，温暖美好，他突然意识到他的失眠症被治愈了！

此后，他开始恢复原先的作息时间了，焦虑和忧愁真的被一扫而空了。

所以，当你感到焦虑的时候，就开始忙碌起来，并保持不断忙碌的状态，这才是世界上最物美价廉的灵丹妙药！

3

心理学中有一个概念叫作"工作疗法"，讲的是心理医生把工作当成药物来治疗心理疾病。而且，据说早在耶稣诞生前500年，就有希腊医生在使用这种方法了。

曾有一位记者前往一家精神病院做采访，发现那些病人们每天都在一个类似工厂的地方忙碌着。看到这些，他非常气愤，觉得这家精神病院简直是在对病人进行残酷的剥削。但当他访问了几个病人之后才明白，他们虽然每天都很忙，却是开心快乐的，因为这些工作让他重新发现了活着的价值和意义，他们的精神状态也远远好于从前了。

当我们忙碌时，烦恼就会被忘却；而当我们闲暇时，我们就会被忧愁所侵袭。这个时候我们就会开始怀疑人生的意义，怀疑生活会永远这样一成不变，所有的一切似乎对我们都失去了吸引力。

我们总是说要学会放空自己、放空大脑，其实这是有些"反科学"的，因为空闲时的大脑同样会被占据。被什么占据呢？通常都是情感，因为那些忧愁、恐惧、憎恨、嫉妒、羡慕等都是原始的情感，它们将我们心中的安宁、快乐等积极的情绪全都去除。

◆ 4

前面有一篇文章，叫《唯有前行，可破焦虑》。你要想逃离那些

CHAPTER 02

扰人的消极情绪，只有让空闲被忙碌取代之后，眼前的路才会更加清晰。

我在大四时的那场焦虑，同样终结于我的奔波忙碌。我开始恢复早睡早起的作息习惯，强迫自己每天跑到图书馆读书写字，每天坚持跑步锻炼。我还罗列了这一年的目标清单，发现还是有很多事情可以去做的，而绝不是白白浪费这一年的时光。

大四结束后，之前成绩只能算中等的我，竟然拿到了全校极少数的"优秀毕业论文"奖，最终还获得了"北京市优秀毕业生"的荣誉称号。

同学们问我："你这个曾经的'学渣'是怎么做到的？"

原因很简单，因为这一年我始终在忙碌，他们的毕业论文只写了几个月，我却酝酿了一整年啊！看，人忙起来之后，不仅不会焦虑，还会有更多意外的收获与惊喜。

萧伯纳曾说：悲惨的人生，源于有余暇时间担忧自己过得是否快乐。那就让我们忙起来吧，忙得没有时间忧愁。

舍得对自己下狠手，
生活才会对你温柔

习惯晚睡，大概是因为不敢结束今天的浑浑噩噩，也不敢开始明天的庸庸碌碌

1

在这个时代，晚睡上瘾是一种病，而早睡早起早就成了遥远的回忆和奢望。

小时候，我最佩服、也最羡慕大人们的一点就是，他们怎么能睡那么晚？他们难道就不困吗？

小时候过春节，除夕夜全家男女老少围在一起吃团圆饭，我感觉过年的味道特别浓。我们几个小朋友一边看春晚一边吹牛："今年我一定能撑到春晚结束！"

很遗憾，每年我们都食言了，不到10点，我们就不知不觉地睡着了。第二天早上一醒来，我们就开始悔不当初：怎么就不能再坚持两个

小时呢？

然后我们暗下决心，准备来年再战，每年都是如此，乐此不疲。

2

后来我上了大学，睡眠时间一下子就被剥夺了，要不是宿舍晚上10点要断电，我每天晚上绝对要玩游戏到天亮。工作之后，尤其是我有了孩子之后，时间流逝得就更快了。

忙了一天，累了一天，孩子终于睡了，我和媳妇两个人瘫坐在沙发上，各自捧着手机，想着终于可以有一点自己的时间了，然后刷微博、看微信，时间"哗啦啦"像流水一般过去，我们抬头已是晚上12点了！

"我们明天一定得早点睡了，不然第二天好累啊！"我和媳妇信誓旦旦地说。结果，这个约定和童年约好看春晚一样，始终无法兑现。

小时候，我梦想着有一天能通宵，长大了却幻想有一天能像小朋友一样安然入眠。每天熬夜的我们，和每天早睡的我们，来了次时空交换。

我小时候觉得大人们的身体真好，他们每天睡那么晚，还依然精

舍得对自己下狠手，
生活才会对你温柔

神抖擞。长大了之后我才知道，他们睡那么晚，起那么早，不管多大年纪都会累。

道理我们都懂，可怎么就是不能早点睡觉呢？我能想到的最好的答案便是，不敢结束今天的浑浑噩噩，也不敢开始明天的庸庸碌碌。

人都是很矛盾的，这边喊着"要自律、要克制"，另一边却"要放纵、要堕落"。

3

我曾经接受过一个读者的咨询，和他谈工作、谈生活，最后所有的问题都集中到了一点：晚睡。

他讨厌自己的工作，觉得简单的工作没有意义，对于复杂的工作又没有头绪；他讨厌自己的生活，饮食毫无节制，几乎从不运动，自己都恨自己；他讨厌睡觉，因为每次拖着疲惫的身子躺到床上，他就会痛恨浑浑噩噩的自己，然后惶恐时间就这么白白逝去了，发誓明天一定要振作起来！

但是他睡了五六个小时之后，精力依然很差，面对眼前的工作，他心有余而力不足，又度过了糟糕的一天！

他下班回家，躺上床，那个堕落的自己又出现了。

于是,"晚睡"把他带进了一个死循环,他困顿着、挣扎着,却怎么都出不来。

我给他唯一的建议是早睡。并且我预言,只要他做到早睡,其他所有的问题都会迎刃而解。

俗话说:"好驴一个滚儿,好伙一个盹儿"。再好的小伙子也受不了日日熬夜。

或许,我们都忽略了睡眠对我们的重要性。在国外,有人曾经对一位46岁的母亲莎拉做了一项睡眠实验,结果发现:她每天睡6个小时和8个小时,完全是两种不同的状态!

当她一天只睡6个小时的时候,她开始健忘,皮肤变差,毛孔变大,脸上出现斑点,每天看起来都疲惫不堪;但当她恢复正常的睡眠习惯之后,她的状态开始慢慢变好,"美容觉"的功效尽显!

自从那次咨询之后,我们便再无联系,但我发现他开始每天都在微信朋友圈里早起打卡,从早上8点到7点,再到后来的6点,但没过多久他又停止更新了。

我微信问他:"你怎么不打卡了,又堕落了?"

他回复:"早起已经成习惯了,没必要每天打卡了。"

他发来一段语音:"我以前总是抱怨工作无聊,痛恨那个每天无所事事的自己,所以总是用晚睡来麻痹自己。但自从开始早睡以后,我才发现很多工作没做好并不是因为工作太难,而是因为自己太累,睡得太少了!"

他还发来一句话:"早睡早起的都是'上班狗',有钱人都会赖床。"他把这句话贴在了床头,督促自己每天早起。

CHAPTER 03 舍得对自己下狠手,生活才会对你温柔

比你聪明的人,都在下笨功夫

专注做某一件事很重要,但是如果没有足够的时间来保证这件事的实施,你的努力依然不可能有大成效。

舍得对自己下狠手，
生活才会对你温柔

那个比你成绩差的人，为什么比你先升职？

<1>

我刚入职时，公司组织所有新员工培训。人力资源部的分组很有意思，部门差异当然是分组主要考虑的因素，但还有一个现象被我们发现了——按照学校来划分。而我们也会不自觉地对号入座，在我们中间划了一条天然的分界线。

其中有一个人M，和我们的界限会更加明显——他是从一个外地的三本学校毕业的。但谁也不曾想到，3年之后，当同期员工还在基层岗位上苦苦挣扎时，M却升职了，活脱脱演绎了一段现实版的职场逆袭。

因为我和M是一个部门的，所以大家都发私信问我，而问我的最多的一个问题是，"M是不是上头有人啊"。我回复："有没有人我不知道，但他绝对配得上。"

我最近在看一本书，书中提到要想在事业上如鱼得水，就一定要做好三点：一是要让别人接受你；二是要让别人喜欢你；三是要让别人离不开你。

M真的是把这三点都做到了极致！

2

刚入职时，关于M来自三本学校的事，部门的同事都心照不宣，反倒是M喜欢拿这件事来自嘲。

部门开新员工介绍会的时候，他的自我介绍是这样的："大家好，我是M，毕业于某某大学，一所三本学校，后来我上了旁边一所二本学校的研究生。我估计，我当年的高考成绩应该是在座所有人里边最差的，所以我特别珍惜这个能和大家一起工作的机会……"

人其实是很奇怪的。当一个人主动把姿态放低之后，就会让别人不自觉地产生一种亲近感。同样，我们在职场中，通常不太喜欢和趾高气扬的人一起工作，那些过于强势的人总会给人一种距离感。相反，当一个人能坦然面对自己的缺陷时，他人对他的好感就会油然而生。

舍得对自己下狠手，
生活才会对你温柔

  M的自我介绍绝不是说说而已，他真的太谦逊了。每天他都是第一个到公司，把所有的窗户都打开，给大家提前通风。开会的时候，他永远拿着一个笔记本，一边认真倾听别人发言，一边认真写笔记。

  他的一句口头禅是，"我是来学习的"。

  一个低姿态的谦逊的人，又怎么会不被人接受呢？

3

  接受一个人容易，喜欢一个人就没那么简单了。但M真的是一个极受欢迎的人，与他相处，我们一致感到很舒服。

  在一次部门外出活动上，天气很热，领导安排他和一个实习生去超市搬一箱水。一会儿俩人就搬着箱子回来了，他们满头大汗，箱子上竟然还放着两双鞋子，更奇怪的是，他俩全都光着脚！

  原来是因为实习生在回来的路上摔了一跤，把凉鞋给摔断了，他试了半天，完全没法穿。小伙子看着人来人往，有点不好意思脱鞋走，M见状，直接把鞋子也脱了，说："脱鞋凉快，一起走吧！"于是，两个人是光着脚回来的。对于实习生来说，他真的十分感激M。

  M总会巧妙地化解别人的窘迫或尴尬，我们甚至给了他一个外号，叫他"护实习生使者"。不管实习生是男是女，他都是最爱护他们的那一个。看实习生孤零零地去吃饭，他就主动跑过去一起边吃边聊；看实习生被某个领导批评了，他也会找个机会开个玩笑。

你想得到别人的欢迎，首先要有足够的付出。而 M 的那种付出，所有人都看在眼里，别人哪有不喜欢他的道理？

4

M 应该是我见过的最能够迅速组织资源、干出成果的人。第一年，我们都干些基础工作，领导对我们的希望也仅仅是熟悉业务而已。但 M 不是这么想，他把所有的基础工作都当成第一事业来干。本来一份报告，一般人两个小时就搞定了，他非要加班加点，查更多的数据，做更多的对比，把内容夯实了，还要让排版看起来更精美。

谁曾想，一份份精美的报告，真的就成了他的"秘密武器"。因为 PPT 做得好，他成了为部门所有 PPT 润色的第一人。因为报告做得足够翔实，他被抽调到了集团的年度报告写作团队。他还是我们部门的"网络工程师"，领导电脑一有问题，他就成了"救火英雄"……这些或许都是小事，但小事积累起来，不仅仅促进了他个人的成长，还让他人对他刮目相看了。

当然，要让别人离不开你，光做小事还远远不够，更重要的是你

舍得对自己下狠手,
生活才会对你温柔

能给团队创造足够大的价值。

M最炫酷的品质就是敢想敢干。

别人嫌得罪人的活儿,他干,并且经常在别的部门"舌战群儒";别人嫌累的活儿,他干,加班加点几乎就是他的常态;别人推不动的活儿,他干,被搁置了好多年的一个项目,经他接手之后竟然起死回生了。

回头看看他3年里做的事情,几乎每一件都为公司立下了一个里程碑。

他被人接受,被人喜欢,让人离不开他,所以他不升职,谁升职?

有一次部门聚会,我向他敬酒并祝贺他升职加薪。他喝得有点多,打开钱包,翻出一张照片,这张照片是他和导师的合影,背面写着导师送给他的毕业寄语:毕业之后,要认识自己的差距,因为感受到差距的存在,才会让你跑得更快!——赠予M

10个500强企业录取通知，教给我的人生至理

我之前写过一篇文章，在这篇文章中，我自认为比较客观地且怀着无私分享的心情讲了自己的求职经历。

但有人爱，就有人厌。文章发出后，微信公众号后台就收到这样一则留言：你不就拿了10张废纸吗？有什么好拿出来炫耀的……真受不了你这种虚荣的人！我要取关了，再见！！！

看完这段话，我真是哭笑不得，但最后还是给他回了一个"么么哒"，不知道他能不能收到。虽然"10个500强企业的录取通知"是个"老梗"，但询问我怎么做到的人还是挺多的。

当年我求职的过程看起来异常顺利，但这个过程对我来说却是一次史无前例的洗礼。对于每一个求职者，尤其是应届生来说，求职就像是第一次进"大观园"，与这个陌生而又熟悉的校外世界有了第一次亲密接触。

舍得对自己下狠手，
生活才会对你温柔

面对每一次的网申、笔试、面试，我们都战战兢兢、如履薄冰，不断地修改简历，不断地提交网申，不断地被无情拒绝，我们像一颗大白菜一样被顾客挑来挑去，这个孤独而又漫长的过程不可谓不虐心。

我回头看，这10张录取通知书可以叫作废纸，但对我来说那绝对是一笔一生的财富。我梳理了四条求职感悟，分享给各位读者，希望各位在求职路上能够有满满的收获。

第一，学习要如饥似渴，做人要大智若愚。

在成功拿到万科的录取通知之后，我获得了与当时的总经理——毛大庆博士一起共进晚餐的机会，这对于一个在校生来说，简直像灰姑娘穿了水晶鞋一样。

饭桌上，大家一一自我介绍，6个人有5个从国外归来。轮到我开口了，我说："很高兴认识大家，各位都是海归精英，只有我是从村里来的。"

大家听了很诧异，毛博士也放下刀叉，问我为什么这么说。我说一是因为我生长在一个小县城，二是因为我本科毕业之后曾经去大山支教过一年。

我以为随口聊几句就完了，但是毛博士很有兴趣听，也很谦逊。

他详细地询问了我支教的情况、支教的感受，还分享了他当年在学校里做的一些公益活动，也畅谈了他所理解的公益。

听到这些，我有些受宠若惊，我没有想到一个房地产龙头企业的高管，竟然会如此谦逊地和一个学生这样交流。而且在谈话时，毛博士几次对我表示感谢，感谢我的分享，也希望我能介绍一些山区的孩子，看能否进一步推动一些公益项目。

在学校里，我非常仰慕那些商界的风云人物，觉得他们高不可攀。但真的与他们接触了，我才发现他们竟然如此平易近人，对这个世界充满了好奇与期待。正是拥有对于未知世界的无限渴望，他们才会有如此卓越的成就。

去年，毛博士离开万科，创办了"优客工场"，还成了一个全球马拉松大满贯选手。这种永远谦逊、永远挑战未知领域的人生态度，值得我们一生学习、一生受用。

第二，怀才就像怀孕，时间久了自然会看出来。

某投资管理部的老总，40岁出头，是公司投资领域的专家。他从毕业开始，就一直在这家公司。因为毕业的学校不好，而国企的门槛又高，所以他是以合同工的身份进来的。

在公司中，同事们总会在体制内和体制外的人之间划一道天然的屏障，他感受到了，也立志要改变。

舍得对自己下狠手，
生活才会对你温柔

从每天跑腿，到表现优异被入编，又因为法律知识出众被拉入一个重要项目，再到因为把项目完美完成而被领导看重，着力培养，他实现了从一个职场新人到"老大"的逆袭。而这背后，他付出的时间和精力只有他自己知道。

在他的一篇人物专访里，他说："怀才就像怀孕，时间久了自然会看出来。"

第三，决定你出路的，不只有努力，还有眼界和格局。

在我婉言谢绝了某总行的录取通知之后，当时面试我的一位人力资源主管给我打了电话。她开诚布公地说，她不是为了劝我加入，而是想跟我聊一聊，因为她也曾经去大山支过教，所以很愿意和我有更多的交流。

电话打了半个小时，其中一半的时间我和她都在探讨一个问题：是不是只要努力就会有好的结果？

我不说结论，先讲讲她的故事。

从一所二线城市的二本学校毕业之后，迫于生活的压力，她选择了直接工作。她独自一人来到深圳，加入了一家广告公司做前台。她很努力，每天干好手头的工作，但工资微薄，养家很困难。更让她受不了的是其他同事们根本瞧不起她，觉得前台似乎就是公司的最底层。

　　此后,她选择了去进修,想考研但担心工作受影响。她需要一份即使钱很少但还算稳定的工作,于是她决定自学,在网上找各种免费课程——有关PPT、时间管理、项目管理的课程,还有学习各种文案。她觉得在银行工作的同学过得很好,就去学银行的知识,但她又觉得自己不是科班出身,很难进入银行圈,就又去学人力资源,考各种证书。

　　工作了两年,她学到了很多,但她依然是个前台。老家的朋友都对她说:"别折腾了,回来吧,看我们每天过得多惬意。"

　　但她知道,这种惬意她无福消受,她必须挣钱,挣很多的钱。父母一天天老去,两个弟弟上学都需要钱,她必须抓住每一天。

　　终于,机会来了。公司来了一个重点客户,是某银行的。因为负责一些接待工作,她了解到银行对公司的方案总是不满意。于是她找来银行的相关资料,查上市公告,悄悄要来了公司那几个被否定的方案,熬夜一整周,终于做出了自己觉得满意的方案。

　　连续熬夜一周,已经让她双腿飘忽了。她把方案交给了项目经理,经理早已被银行折腾得几近要放弃了,就死马当活马医,把她写的方案交给了客户。

舍得对自己下狠手，
生活才会对你温柔

结果，方案竟然通过了，而且银行项目的负责人点名由她来做陈述，她恍然发现她这些年默默地学来的有关PPT、项目管理、人力资源、文案的知识，看似是毫无目的的输入，但竟然在这个机会到来时令她有了爆发的出口。

现在，她已经在这家银行工作了快10年了，成了公司最年轻的人力主管。

她送给我一句话："我年轻时，拼了命地去付出，却不知道什么时候能有所回报。当有一天机会终于来的时候，我才发现那些看似无用的付出，其实都在为这一刻做准备。"

第四，人生不需要太多纠结，最终会海纳百川。

在婉拒平安保险的录取通知之后，我又给招聘我的主管发了一封邮件，一是表达感谢，二是表达遗憾，三是请教有关求职的一些问题，在即将进入社会的当口，我不知道到底什么样的工作才是适合自己的。

怕入错行，是我求职的最大困惑吧。

平安人力主管回复了我一封长邮件，这让我感动不已。我每次在困惑、迷茫时，都会重新看一次这封邮件，再信心满满地继续上路。下面附上该主管给我的邮件：

不好意思，才回你的邮件，我这几天太忙了。首先感谢你的信任！

你让我深有同感。15年前我毕业时，面临着留校工作和自主择业的选择，内心彷徨不定地反复纠结，似乎走错一步就万劫不复一样。未来谁知道呢？这种不可知性，让选择变成一件可怕的事情。

15年后回头看，我释然了。如何选择其实不是最重要的，每个人在青春期后，个性和价值取向基本确定，这是决定命运的真正因素。若干年后你会发现，内心的诉求会让你终归走到需要走的道路上。只不过，这个过程有人千回百转，有人彻底放弃。

所以，关键是想清楚，从人生理念的层面，你最喜欢什么，什么是你向往和认为精彩的。请注意，是你，是你自己，而不是任何一个人，无论父母、同学，或者是我。

毕竟，选择工作这事，别人可以建议，但无法替代你的真实感受。所以，听你自己的！

祝你好运！

当工作之后，再一次回忆起当年的求职时光，我感慨良多。我只想送给准备求职或者正在求职的朋友们一句话：不论求职结果如何，都请你珍惜这段时光。因为这是我们从学校走入复杂社会的第一步，

舍得对自己下狠手,
生活才会对你温柔

这一步没有好坏之分,只有收获多少之别。

我们只管去努力、去思考、去感悟、去享受,至于结果,交给老天,我相信都不会太差。

请不要总是坐在最后一排

<1>

坐在最后一排怎么了？我以前就爱坐在最后一排。本科四年、研究生两年，基本上每节课的最后一排都被我承包了。有时候我不小心进教室早了，被后来的同学加塞儿变成了倒数第二排，我都有种隐隐的不快。

坐最后一排爽啊！前面那么多同学做挡箭牌，我在课堂上干啥都方便。前一晚没睡好，没关系，趴在桌子上睡就行；老师的课无聊到死，没关系，趴在桌子上就行；中午还不下课快饿死了，没关系，趴在桌子上就行……

总之，最后一排简直就是整个教室的"VIP座位"，你坐在那里后能享受的特权数不胜数。

舍得对自己下狠手，

生活才会对你温柔

这么爽，干吗不坐最后一排？

2

我当年还是太年轻。最近，我的工作、生活和学习都有了非常大的变动，我念了在职博士，每天往返于公司、校园、医院、家之间，东奔西跑，累出了"新高度"。但我每次进教室，课上学的东西都成了我疲累时的一针强心剂。

工作之后，尤其是离开校园久了，我就越发珍惜在学校的学习机会。所以，每一节课我都坐在第一排，而且一定要坐离老师最近的位置，这样方便与老师交流。现在的我，把每一节课都当成是启迪和提升自己的机会，每节课都听得很认真。

为什么我对坐座位这件事的看法会有这么大的变化？

之前的我，对于教室"VIP位置"的定义是，我可以在那儿肆无忌惮地不听课。我现在想来真是悔不当初。

其实，我们经常做这么一件事，就是"吃着碗里的，看着锅里的"。这些场景，你一定熟悉：越是工作满满，越想着能抽出点时间学习；而真的开始学习了，就又想着健身；等买了跑鞋坚持跑了三天，又觉得还不如把时间放在看书上……总之，兜兜转转，最后一事无成。

坐在最后一排的人，往往不懂得"专时专用"。

3

开会时，总会有那么几个人，你推我搡地争坐在那些犄角旮旯的地方，他们通常有这么几种考虑："我人微言轻，没必要坐那么靠前的位置。""我离老板远点儿，开会的时候还能走个神，看个手机。"……

"看不见我，看不见我，看不见我！"你默念咒语。其实，你以为老板真看不到你吗？而且对于你坐的位置，老板是有自己的判断的。

换位思考一下，如果你是老板，看见一个年轻员工总是"积极主动"地坐在靠边的位置上，你怎么评价他？无非也这么几种："这小伙子对工作积极性不高啊。""这小伙子是不是对开会有意见啊？""这小伙子是不是不想干了？"

不要以为选座位是小事，座位代表着你的态度。你是不是愿意主动参与，是不是努力融入会议，是不是有学习的动力，这些对于工作的态度，完全可以从你对座位的偏好中看出来。

坐在最后一排的人，往往不懂得参与和进取。

舍得对自己下狠手，
生活才会对你温柔

4

说到开会，我两眼都是泪。我们部门的经理有个惯例，要求开会时每个人都要发表观点。这就意味着，你必须全身心投入会议之中，还要时刻准备着回答下一个问题。

这样的制度，会使员工在一定程度上感到惶恐。既然要开口，就要言之有物；想说出个一二三，就必须全程高度紧张、不断思考。这个过程是很痛苦的。

刚开始，我感到很不适应，觉得自己实在说不出什么有价值的东西。但是刻意训练久了，你就会形成一种思考的习惯，能够更快速和高效地处理领导提出的各类问题。

部门的P姐，她不仅是坐在犄角旮旯的人，还是那个从不主动回答问题的人。即使被点了名，她也是说"我没有什么想说的"。在几年的接触里，P姐被贴上了两个标签，而且是绝对公认的：一是"好人"；二是"坑队友"。

固然"好人"是对其品质的正面评价，但"坑队友"在职场上真的是大忌。一次两次还可以，但次次如此就会让人觉得此人不靠谱，从而导致职场路上凶多吉少。

其实，总结起来，她最欠缺的就是主动思考。她总是人云亦云，输入的信息无法进行处理。别人看起来她好像在听，但"雨过地皮湿"，她没有思考就没有留下任何痕迹。

坐在最后一排的人，往往不善于主动思考。

5

其实很多时候，很多事情远没有我们想象中那么困难。

这些天，我不仅要上班开会，还要想方设法地思考怎么向教授们请假。请假短信我编辑了半个小时，但就是不敢给老师发出去，我担心老师不同意，担心请假会影响期末考试成绩……最后，我硬着头皮发出去了，焦灼了两分钟，老师回复了："没问题，有机会再交流。"我心里的大石瞬间落地。

瞧，在不逾矩的情况下，这件事情根本没有想象中那么可怕，只是取决于自己是不是愿意跳出舒适区。

与其躲在后面一直焦虑，你还不如干脆跳出来摆脱纠结，把脑子里那件一直盘旋的事情给办了！相信我，通常情况下，办完这件事之后，你会有重获新生的感觉！

坐在最后一排的人，往往不懂得通过前行消除焦虑。

我相信，那些总是坐在最后一排的人，很多时候坐得并不舒服，甚至如坐针毡。

其实，我们需要做的仅仅是闭着眼睛，向前走一步。

逼自己一把，看上去痛苦，但远比躲在后面折磨自己要幸福得多。不信，你试试？

CHAPTER / 03

看不透这些，跳再多次槽也会往下掉

<1>

30岁是个坎儿，尤其是对于一个人的职场生涯来说，"三十而立"就像个魔咒一样紧紧地箍住每一个即将30岁或已经30岁的人。

一个人如果本科毕业就开始工作，30岁的时候已经从业七八年了；如果他是硕士毕业就开始工作的话，也已经工作五六年了。

排除那些一夜暴富的"90后"创业者，在普通人的职场生涯中，他们30岁的时候已经基本脱离了职场"菜鸟"的身份，干得不错的已经成了业务骨干，出类拔萃的甚至已经成了公司的中高层。而这个时候，对于一个职场人来说，最大的挑战其实是对自己现状的认知和对未来的预判。

舍得对自己下狠手，
生活才会对你温柔

我是经理，是不是能干到中层；我是VP（Vice President的英文缩写，即副总裁），能不能快点到MD（Managing Director的英文缩写，即董事总经理）；我是20人团队的小Leader（领导），能不能尽快变成100人部门的大Boss（老板）。

从前时间慢，所有的人都在熬时间、熬资历，只要你不下海，你对面的科长不退休，就算你做得再风生水起，你也很难有出头之日。

但现在，一切都太快了，和你一起打球、吃饭、喝酒的上铺兄弟，昨天还宅在宿舍玩游戏，转眼间已经有房、有车、有公司、有美女了。同批入职的同事，昨天还不停地回忆以前在学校时的光荣往事，跳槽没几年，竟然又一次坐在同一间办公室和你一起开会，只不过你依然坐在最角落，而对面的他已经成长为另一家公司的部门老大。看着他滔滔不绝地与自己的领导谈行业、谈管理，你觉得你们之间似乎差了一个世纪。

前些天，我和一个曾经面试过我的HR（人力资源）总监用微信聊天，我们互相谈了谈近况，诉了诉衷肠。聊到跳槽，我说暂时还不考虑，他回了我一句："你可以永不跳槽，但一定要有随时跳槽的能力！"我深以为然。

2

实力跟不上欲望，跳槽只会徒增悲伤。

高晓松说"人对自己通常都是高估的"，这一点都没错。人年轻时觉得自己可以改变世界，但真的入世之后才发现，要么因为世界变化太快，要么因为自己成长太慢，改变世界的念想被一一粉碎，只剩下生活中琐碎的柴米油盐还算实际一些。

而跳槽这件事，很大的一个驱动力便是对自己能力的高估。凭什么他被看重，我却受冷落；凭什么他升职，我却原地踏步；凭什么……总之，"凭什么"的抱怨一大堆，核心是，我的能力和我现在的位置处境，严重错配。

这种对自己能力的错判和高估，让怀才不遇、极度痛苦的你投出了一封封简历，期盼着被伯乐相中。

你被新公司录用了，你觉得马上就要逃离之前的困境了，很快就要升职加薪，站上人生巅峰了。但如果你的能力仅仅是花架子，"三板斧"之后再无新招，你的职场瓶颈很快就会再次出现。

因为能力高估是有惯性的，而且你通常不自知。你以为跳槽靠的是自己的能力，但其实或许只是这家公司真的缺人手而已。于是，新

> 舍得对自己下狠手，
> 生活才会对你温柔

的"凭什么"又来了，怀才不遇的痛苦又来了，跳槽的蠢蠢欲动之心又来了。

在能力不升值的情况下的跳槽，只会让你换一个新环境，再感受一次旧痛罢了。

思维不开放、不升级，你跳再多次槽也会往下掉。不是我不明白，是这个世界变化太快。

3

前些日子互联网两大巨头的关于人工智能的新闻刷屏了：一个是百度的李彦宏开着无人车在北京五环遛弯儿；一个是阿里的马云在杭州开了一家无人超市。

这两个人的举动引发了网友新一轮的思考："大众失业危机"是不是真的要来了？

阿尔法狗在围棋界大杀四方的时候，我们尚且可以自我安慰，毕竟以下围棋谋生的人没有几个。但当无人车和无人超市出现的时候，我们就得好好思考一番了：楼下开小卖铺的小两口会失业吗？昨天跟我谈笑风生的出租车司机会失业吗？还有现在每天如此辛苦工作的我会失业吗？

可大多数人对于世界的变化是后知后觉的。

当然，有钱不是对成功的完全定义，你还要开心幸福。但是如果有一天老板告诉你，你不用再挖煤了，公司进了两台机器人，你收拾收拾领上一年的工资回家吧。你还能开心吗？

世界在变化，我们的思维也要跟着升级，"三百六十行，行行出状元"在这个时代已经不再适用了。你以为一心一意地做好手头的事情就好了吗？但万一有一天你的工作都被排在"三百六十行"之外了呢？你的行业被人工智能替代了呢？

在职场上，有个公认的潜规则：年纪越大，跳槽的代价就越大。

世界太残酷，我们太渺小，在狂飙突进的年代，走得慢也是倒退。你要给思维做升级，深度思考你现在的行业、你所处的公司，以及你将去要的公司，它们处于生命周期的哪一段。是初创，还是成长；是上升，还是衰退。

记住，你在向下的趋势中跳槽，再怎么跳都在往下掉。

◆ 4 ◆

人的运气真的有好有坏。有的人进了新公司，跟了好领导，去了好部门，赶上了好风口，发展得顺风顺水；有的人进了新公司，跟了

舍得对自己下狠手，
生活才会对你温柔

坏领导，去了坏部门，赶上公司倒霉，活得一败涂地。

某机构曾经做过一次调查，关于员工离职的原因，其中绝大多数是员工嫌老板脑残……

好吧，要么是运气坏的人太多，要么是脑残领导太多，当然还有一种可能：或许是因为自己不愿忍耐。

生活是艰辛的，谁没遇到过几个"二货"同事、脑残领导，但不同的人却有不同的处理方式。看事情得从两面看，看得到别人的脑残，也得静下来想想自己是不是也有提高的余地，再想想为什么那个升职的同事人见人爱，花见花开。

钱多活少离家近的工作，真的是可遇不可求，反正我没见过。你一定记住，一份工作值不值得做，绝不是取决于你爽不爽，恐怕没有一份好工作（能够实现自我价值的工作）是让你整天爽歪歪的。

你每天做着低价值的工作，干起来当然感觉很简单、很顺手，因为这份工作失去了挑战，这意味着你的瓶颈期即将到来。

越是不爽的时候，越要反思是不是自己出了问题，为什么会这样，怎么做才能解决问题，让自己爽起来，而不是"一言不合"就跟老板吵架、辞职，然后幻想跳槽去另一家和谐的新公司。

CHAPTER / 03

放心，有人的地方就有江湖，有江湖的地方就有让你看不惯的人，有这种人的地方，你就会不爽。其实，在跳槽与不跳槽之间，还有一个过渡选项：了解和评估自己的市场价值。说白了，就是你得清楚地知道自己现在到底值多少钱。

我曾经和一个同门师兄聊天，他在一家公司干了十几年，已经坐到了高管的位置上，从未跳槽过。但他却一直鼓励我们，一定要定期去投简历，去见猎头，他是这么说的："一个人在一个公司待久了，就容易变懒，容易短视，容易知足，不愿意折腾了。越是在这个时候，越要逼着自己跳出来，去市场上给自己询询价，看看自己在市场上有没有价值。"

给自己询价，这件事很重要：价格被打折了，你就赶紧给自己充充电、升升值；溢价溢得厉害，你就认真评估到底是不是该换换环境。毕竟，你还有一家老小要养呢，不是吗？

舍得对自己下狠手，
生活才会对你温柔

职场上，有两种人最可惜

1

在职场上，有两种人最可惜。

一种人整天忙得脚都不着地，看起来很充实，实则焦头烂额、疲于应对工作。这种人，看起来做了很多工作，但从来不反思工作的价值，也从来没专注地去做过一件事。他像老黄牛般耕地，没有一样干到点子上，工作最后都是仅仅浮于表面，没有一件拿得出手的成果。

另一种人是上手极快的天赋型选手，这种人有让人羡慕的智商，但往往会局限于"小聪明"。他专注度很高，但总是无法持续工作，很容易打一枪换一个地方，最后后劲不足，同样做不出突出的业绩。

最近《深度工作》这本书挺火，它给出了一个公式：高质量的产出＝时间×专注度。这正好针对以上两种困境完美地给出了解决路径。

书中提出了所谓的"双峰哲学"。双峰哲学提倡的是将一个人的时间分成两块,将某一段明确的时间用于深度追求,余下的时间做其他所有事情,即深度工作模式和浮浅工作模式。

深度工作模式,就是在无干扰的状态下专注地进行职业活动,使个人的认知能力达到极限。这种努力能够创造新价值,提升技能,而且难以复制。

浮浅工作模式,就是在受到干扰的情况下开展对认知要求不高的事务性工作。此类工作通常不会创造太多新价值,且容易复制。

以上两种工作模式各有优劣,但是对于一个职场人来说,不同阶段需要不同的模式来应对。比如,你是一个工程师,必须尽量避免那些不必要的干扰,专心做产品,只有深度工作才能创造出价值;你是某创业公司的老板,你更需要浮浅工作,比如混圈子、找投资、吃饭喝酒等应酬,但其实这些工作也同样在创造价值。

最佳的方式便是将两者结合,形成"双峰"模式。在深度工作时间里,双峰工作者会像禁欲主义者一般工作,追求高强度、无干扰的专注;在浮浅工作时间里,专注则并非是首要的目标。

《沃顿商学院最受欢迎的成功课》的作者格兰特,就是一个双峰工作者。他作为沃顿商学院的教授,面对满满的日程安排,采取了

"双峰哲学"。他按照学年，将所有的课程都集中到一个学期，其余时间则专注于科研、写作等深度工作。在那些深度工作的学期里，他再实施"双峰法"，每月选择两三次长达2~4天的"禁欲生活"，关上房门，为电子邮件设定自动回复，不受干扰地进行自己的研究。

2

20世纪90年代，有一部很著名的情景喜剧，叫《宋飞正传》，它以一种半自传的形式讲了喜剧演员杰瑞·宋飞的日常。有记者采访他，问他能否给年轻喜剧演员一些建议。

宋飞这么回答："一名优秀的喜剧演员就要创作出更好的笑话，而想要写出好笑话就要每天都写。"

宋飞有自己的一套工作技巧：他在墙上挂了一本日历，这天如果他写过笑话，就在日历的那一天上划一个大大的红叉。当红叉越来越多之后，红叉标记就会连成一条链子。如果这一直持续下去，这条链子就变得很长，他发现自己会喜欢看这条链子。再后来他发现，他感觉每天坚持的事不再是写笑话，而是不要让这个链子断掉。

工作不是三天打鱼，两天晒网就能够做好的，在保证专注度的基础上，你一定要付出足够的时间。

经常有读者跑来问我，他已经坚持跑步一周了，为什么还是没有瘦。

你才跑了一周就开始急功近利起来，先不说你跑步是不是足够科学，也不说你是不是保证健康饮食，就凭你这种心态，就算一周后你瘦下来了，也会再次反弹回去。

专注做某一件事很重要，但是如果你没有足够的时间来保证这件事的实施，你的努力依然不可能有大成效。就像"一万小时定律"一样，有些人以为看到这个定律就找到了成功的宝典，以为只要付出一万小时就一定能成功，但其实这一万小时要求的是刻意练习。如果你身在曹营心在汉，十万个小时又能怎样？

3

1956年，北师大教授黄药眠在《论食利者的美学》中是这么描述灵感的：灵感是指一个人把注意力完全集中到创作的对象的时候，他的一切能力和力量特殊紧张和高涨的那种状态。

我们总是说灵感，但是灵感迸发的关键是我们真的全身心地投入其中，保持足够的专注。

黄药眠有每天坚持写作的习惯，他的短论集《面向着生活的海洋》就是在他受监护期间一条一条写出来的。

我们之前提到的"老黄牛精神"当然值得赞赏，但人如果总是喜欢做一些浮浅的工作，势必会影响自己的工作业绩。我们现在就处在一个专注力最容易被打破的时代，电脑、手机是你生活中的必需品，你有没有时刻要刷邮箱和手机的习惯，有没有看到一个弹窗，就跑去刷新闻、逛淘宝的习惯？

这些细碎的时间很容易被浪费掉，看起来好像微不足道，但对于我们的深度工作却影响极大。看起来，你只看了5分钟新闻，但是要想重新找回工作状态，至少要花费十分钟时间，这该怎么办？

J.K.罗琳教我们要有"大手笔"。当年，她埋头创作最后一部《哈利·波特》，因为万众期待，她压力很大。她每天在自己的家庭工作室里写作，但是即使已经将外部干扰降到了最低，她还是被一些不得不面对的家庭琐事所打扰。

有一天，她终于受不了了，就去一家五星级酒店，花大价钱开了一间房写作。本来她只想逃离一天的，结果写作过程异常顺利，于是她便长期在酒店写作，最后也顺利地完成了最后一本书籍的创作。

当然，我们不可能像她一样，花大手笔把自己关到五星级酒店里，但我们同样也可以轻松地删除各种社交软件、关闭网络、关掉手机。总之，那些看起来每天都离不开的东西，我们在深度工作时都要试着关闭。

你不要太高估自己的专注力，毕竟人天生就不是专注的。所以，你要对自己够狠，要敢于下大手笔，创造一个不受干扰的环境。

敢于破釜沉舟的人，通常都会得到自己想要的东西。

舍得对自己下狠手,
生活才会对你温柔

厉害的人,从不找"烂借口"

1

儿子有本很喜欢的书,叫《大卫惹麻烦》。书里,小家伙大卫惹了麻烦之后,总爱找各种借口。他撞翻了桌子,会说:"我不是故意的。"他玩棒球时打碎了玻璃,会说:"我没想这样。"他没完成作业,会说:"我的作业被小狗吃掉了。"他把颜料洒在了地上,会说:"它自己滑下去的。"他抓着小猫的尾巴玩,会说:"小猫喜欢被抓着尾巴。"……

总之,大卫总是有各种借口,把自己的责任推得一干二净。陪儿子读这本书的时候,我自己在心里也忍不住想笑。我们这些大人,有时候不也像大卫一样,因为不愿意承担责任,然后胡编乱造,找各种"烂借口"来逃避吗?

CHAPTER / 03

我们部门曾经有个实习生，他出身名校，有各种证书傍身，简历十分厉害，却被大家讨厌。

为什么呢？因为这个看起来才华横溢的年轻人，烂借口太多了！领导交给他的每一项工作，几乎都以"没完成"而告终，而且这个"没完成"永远都有客观的理由。比如，报告没写完，他说他这几天拉肚子写不动；写邮件没挂附件，他说公司邮箱系统好像有问题；项目资料整理得很烂，他说这些文档全是些没用的垃圾……

他的这些"烂借口"，把我们这些"职场小江湖"弄得哭笑不得，我们很想直白地问他一句："你觉得我们会相信你说的这些'奇葩'的借口吗？"

我们都是成年人，讲话要拿证据，做事要看成果。你总是用那些破烂借口来敷衍我们，以为自己像绘本里的"大卫"那样可以永远被大人们原谅吗？

烂借口不会帮你逃避掉责任，只会让你变得更令人讨厌。

2

我有个坏习惯，见不得微信里的小红点，俗称"强迫症"。所以，读者的留言，只要我不是太忙没看见或者被太多信息淹没了，我都会

舍得对自己下狠手，
生活才会对你温柔

尽量回复。

有一次，一个读者一下子发了十几条微信过来，每条微信不超过一行，把我都看晕了，中心思想是，"K叔，我有好多事情要做，我怎么办啊"。

我回复："别说那么多了，先做成一件事再说。"

本以为，如此冷冰冰的回复能把她的耳朵叫醒，结果她又发来了十几条微信，风格依然是超短句、无标点，大意就是，"我想啥啥不来，干啥啥不顺"。

我坚持做一个耐心的知心大叔："要不，你先试试坚持做一件事？"

结果，我又一次遭到了她微信信息的轰炸，已经无力抵抗了，也实在没心情整理她的中心思想。我强忍着自己的强迫症，把聊天框删除了。

……

其实，我们都容易进入一个怪圈。因为担心做不好，所以不做。因为不做，所以更加焦虑自己做不好。于是形成了一个死循环，把自己圈在里边痛苦不堪。

怎么办？行动啊！哪儿来那么多烂借口！你先找一件事做起来，把这个死循环打一个缺口出来。你不冲破它，就只能被封闭其中，永远也走不出来。

3

大学期间，我非常佩服一个师兄，他是学校的风云人物，既是学生会主席，又是班级第一名，学习、工作两不误。

我想向人家偷师，所以总爱跟在他屁股后边。

有一次，因为团委安排了一个急活，我们几个在他的带领下硬是熬到凌晨3点，才把活儿搞定了。干完活，大家都彻底蔫儿了，恨不得直接席地而睡了。

当大家正要各回各宿舍赶紧补觉时，师兄端着一杯咖啡来了一句："明天轮到我做Presentation（课程报告）了，我得接着搞。"

我们都劝他："已经这么晚了，你别这么拼命了，明天跟课程老师说一句，大家都能理解的。"

师兄抿了一口咖啡，说了一句让我至今都记忆犹新的话："我最讨厌这种烂借口了，自己没全力以赴，还找客观原因，我可不想变成一个连自己也讨厌的人！"

舍得对自己下狠手，
生活才会对你温柔

　　那一瞬间，我终于明白了师兄厉害的原因了：他绝不找烂借口，要么承认自己搞不定，要么就拼了命地搞定！

　　弱者总喜欢找借口，而那些自己看起来天衣无缝的借口，其实在旁人看来，只不过是一个不成熟的小孩子爱玩的把戏罢了。

　　有句话是这么说的：找个理由，重新开始；找个借口，到此为止。很多人之所以会停滞不前，不是因为自己无能为力，而是因为自己给自己找了太多借口。

别总做思想上的巨人，行动上的矮子

<1>

2017年3月我开始重新写字，当时身边有个兄弟说想和我比赛做公众号，并发誓一定要比我做得还好。

说实话，从小到大我最喜欢的事情就是比赛，小时候和老爸下象棋，我必须赢了才作罢，不然就要一边哭一边下。

"变态"吗？其实想想真的挺"变态"的！

当时我们约定，从以前的不稳定更新变成日更。最初的一周，大家都坚持得很好，粉丝的增长量也相当，我们相互鼓励继续坚持下去。

没想到到第二周的时候，我的4篇文章都连续被"大V"转载了，其中一篇还上了"思想聚焦"的头条，另一篇上了"人民日报"。凭

舍得对自己下狠手，
生活才会对你温柔

借着这几篇文章，那一周我的公众号涨了5000多粉丝。

而我的这位朋友的粉丝量依然如昨。他跑来向我请教是怎么做到的，我言无不尽，但也仅仅只能说是凭运气而已。

再之后，我们似乎都心照不宣地停止了比赛。又过了两个月，我的粉丝从两万变成了六万，而他却已经停更了。

现在我开玩笑地问他咋不更新了，他回复说："你太'变态'了，我不跟你比了。"

<2>

其实，做成一件事，有时候真的不是靠那些所谓的智商、资源，靠的就是最朴素的坚持而已。

前几天我看了一篇文章，作者把当年马化腾创办腾讯的历史梳理了一遍，最让我动容的是，马化腾当时创业遇到了困难，到处找人想把QQ卖掉。但是他把QQ从300万降到100万，再降价到60万，连一个询价的人都没有。想想现在腾讯3000亿美元的市值，再想想当年折价到60万都没人要，马老板经历的那些创业困境可能真的远超我们的想象。

3

大二那会儿,我是学院里的学生会主席,又是校团委办公室的常务副主任。当时我的学生工作做得风生水起,当然代价就是几乎不上课。

那时候,虽然我每天看似很忙碌、很充实,但其实我的内心非常纠结,状态很差。

我一直在想:我每天耗费大量时间干各种繁杂的学生工作,我真的要把大学所有的时光都放在上面吗?我真的不要我的专业课了吗?

我纠结了差不多一周。有一天老师安排了一个急活,我从下午5点一直熬夜干到早上5点,从团委办公室出来的我,身体快要虚脱了。我想着学生工作既然都已经做到了最好,我也得在专业上证明自己了。

于是,我辞掉了所有的学生干部职务(被老师骂得好惨),然后开始疯狂地学习,大三那年,我每天都泡在图书馆和自习室里。

我还记得自己当时的作息情况:我白天有课就上课,没课就在319或216自习室学习,下午吃完饭一定要回宿舍睡一个小时,然后晚上跑去图书馆,待到图书馆闭馆再回宿舍。

舍友觉得我转了性，本来他们以为我做那么多学生工作就是想从政，没想到我摇身一变要搞学术了。

到期末考试的时候，我顺利地从班级倒数摇身一变拿了一等奖学金。我当时的目标很简单：除了学习的奖学金没拿过，其他的我都有了，那我就看看自己到底能不能拿得到它。

想了就去做，别想那么多有的没的。通常情况下，大学是一个人最容易胡思乱想的时候。你有那么多时间想未来，还不如把眼前的事情搞定。

◆ 4

一个人在什么时候最容易堕落？就是在想自己到底想要什么的时候。因为你不知道自己想要什么，就很容易在内心给自己放个假，美其名曰：我这是在寻找方向。

对于大多数人来说，尤其是二十来岁的时候，你想的所有方向很有可能都是错的，当然那些很早就确定自己将来要干什么的人除外。

既然我们是凡人，就一定要警惕一个时刻：在思考方向的时候。这个时候你一定要问问自己，除了要想未来的方向，你还有没有没做完的事。通常情况下是有的，那么你去做事比胡思乱想、堕落要有用得多。

最近我又多了一个周记群。有一段时间，我都不愿意再加新人了，因为加一个人挺耗时间的。

我要做好标注、修改昵称、拉群，然后一篇一篇地发周记。我操作下来，感觉自己快要虚脱了，还经常把周记都弄好了之后，第二天发现转账失效了——我忘记点收款了。

但有一天，我突然问自己：我那么一篇一篇地发周记太麻烦了，为什么不把周记整理一下直接做成一个文档呢？

我想了想，还是因为自己太懒了，明知道自己只需要花费一点时间，就可以做一个文件夹，但就是懒得去做。

而人为了省那么一小点时间，却要花费更多的时间去弥补。本来可以早点把一件事搞定，却偏偏拖来拖去，快到截止日期的时候才急忙赶工，弄得自己一身狼狈，这更是得不偿失。

想太多，做太少，早晚要营养不良。我们不能总是做思想上的巨人，行动上的矮子。要想做成一件事就要即刻行动，这样才能获得内心的安宁。

CHAPTER 04 | 舍得对自己下狠手，生活才会对你温柔

认真生活的人，从来不会被辜负

人非生而不同，人有一样的起点、迥异的终点，
最后他是否会成功，关键取决于途中奔跑的速度。
到头来你会发现，你驻足的某个停靠点，
亦是你人生搁浅的地方。

舍得对自己下狠手,
生活才会对你温柔

人缘好的人,都有这 7 种思维方式

一个人在集体中是否有人缘,和很多因素有关。但其实你要想在人际关系中如鱼得水,首先要在思维上有一定的认知。下面我来介绍一下我所认为的获得好人缘的 7 种思维方式。

1. 我的人生,我做主

在人际交往中,我们常常陷入被控制的局面,心里有苦却不知如何说。于是,本应是自己的人生,却活成了别人希望的样子。

但无论我们做哪件事,有什么想法和行动,都要问一问自己:"这件事真的是我想做的吗?"

当得到否定的答案时,我们需要去权衡和判断,有没有必要做。当然,其中会有纠结,你发现妥协退让解决不了问题,但又担心过于强硬反而会伤害自己,所以我们要给自己设定一个底线。忍耐是一种

好品质，但一旦别人触碰到我们的底线，我们就必须坚决反击。

谨记：放弃对自己的掌控权，才会让他人有机可乘。

2. 要给人际关系设立界限感

我们喜欢用"关系好"来描述两个人之间的亲密关系，但有时候这种亲密关系反而成了我们的负担。

有种说法：当你和闺密亲密无间时，你就要小心了，因为从亲密无间到老死不相往来，往往只差一步而已。

因为亲密，所以你们无话不说，但你千万不要忘了，每个人的内心都是极其敏感的。你闺密很胖，你口无遮拦总是说她像头猪。你不要以为她不放在心上，或许她只是在一直忍耐而已，说不定某一天忍无可忍，你们的关系也就走到了尽头。

3. 你不需要取悦所有人

喜欢取悦别人的人，都有一个共同的品质——善良。他们常常为了取悦别人而委屈自己，宁愿牺牲自己的权益，也要答应别人的请求，甚至明明不喜欢一些人，却要强迫自己去迎合他们。

这种讨好被叫作"奴性讨好"，是以放弃了个人自尊为代价的，希望借此讨好别人的一种可悲行为。

"奴性讨好"坚决不能要，你是独一无二的你，没必要取悦所有人。

4. 不要被亲近的人所控制

你对越是亲近的人越不会设防，但正因为关系亲密，他对你的缺点一清二楚，对你的内心需求也更加明晰，于是你们之间的界限感就会逐渐丧失。

你信任他，他信任你，但信任关系不代表就能够消除"控制关系"。你对父母足够信任，但这种信任会让你被父母牢牢绑架；你对爱人足够信任，但你们的关系却依然成了控制与被控制的关系。

总之，对于越是亲近的人，你越要警惕你们的界限感是否已经消失。你跳出来，才能看清楚你们之间的关系。我们都嘲笑井底之蛙，但我们有时候又何尝不是那只青蛙。

社交陷入困境时，我们时常会钻牛角尖。进退维谷其实是我们的思维局限和逻辑漏洞导致的。

当局者迷，当你对一段人际关系无所适从时，你要跳出来站在你们关系的最高点去思考事情的来龙去脉、前因后果，以及你们的问题到底在哪里，这样一来，问题或许就能迎刃而解。

5. 要适当地雷厉风行一点

优柔寡断的人，往往都是完美主义者，因为他们太希望一切都能实现利益最大化。但你不要忘了世界上没有完美的状态，只有一种相对平衡的状态。经济学上说的"均衡"便是如此。

而正因为追求完美，才会担心得不到别人的认可。希望满足所有人，而自己的意愿又被彻底违背。

有时候，我们要的仅仅是一点点痛下决心的勇气。与其每天疲惫地周旋着，纠结着，不如快刀斩乱麻，让一切变得简单起来。

6. 没有难搞的人，只有不够高明的博弈策略

人和人之间也需要博弈，也就是要找到一种最佳的方式，获得人与人之间最稳定、最平衡的状态。

对待强硬的人，对待挑衅的人，对待胡搅蛮缠的人，总会有方法可以搞定，需要的只是一些技巧和方法。

7. 最核心的竞争力，是影响他人的能力

什么样的人才算是一个善于交际的人呢？拥有影响他人能力的人。

首先,你要自我认可,要发现自己的闪光点,这些优势将是你不可替代的核心能力。其次,你要把握事态发展的方向,懂得审时度势。再次,你要关注细节,也许一个眼神就会造成一次无法愈合的裂痕。最后,你要设定自己的游戏规则,而且让别人心悦诚服地遵守。

学会"冷处理",搞定那些难缠的人

1

大学刚毕业那年,我狠了狠心把房子租在了公司附近,虽然价格很高,但上班成本低,公交车坐几站就到了。

虽然我租住的只是一套20世纪80年代的小房子,而且还是和另外两个同学合租,房子里又是有隔板,又是有沙发床,但从狭小的大学宿舍搬进了自己的"家",令我幸福感爆棚。

不过没过几天,我们发现租住在这,简直是我们刚踏入社会做出的第一个愚蠢的决定。楼是老楼,一个是年代久了,再一个可能是当年建造标准低,所以楼上楼下的隔音不太好。来的第一天,我就听到楼上一直有人在弹钢琴,估计是个小学生或者初中生,弹得生疏,断断续续。

舍得对自己下狠手，
生活才会对你温柔

不过，我们倒是乐得自在，几个男生吃饭喝酒，就着点不算优美的小曲儿也挺美的。都是邻居，我们互相体谅一下也就算了。

有天晚上，我们依然喝酒吹牛。突然有人"砰砰砰"地敲门，声音很大，我吓了一跳，赶紧去开门。外面站着一个中年男人，我这样喝了酒的人都能闻到他一口的酒气："你们几个小伙子能不能声音小点！我们家孩子马上要中考了！"

原来，是我们楼下的邻居。我赶紧招呼大家都过来，给他赔礼道歉，一口一个"对不起"。大哥看我们态度这么好，没再说什么，转身走了。

我们默默回屋，回想刚才是不是太大声了。

第二天晚上，我们三个回到家，都心照不宣地默默干自己的事了。大哥惹不起，我们还是收敛点好。因为浴室太小，我们几个轮流洗澡，我是最后一个，正洗得爽呢，"砰砰砰"，又有敲门声。

我赶紧把水龙头关掉，听见同学去开门，然后又听见楼下大哥的声音："你们几个小伙子怎么回事啊，就不能小点声吗？"

同学显然有些怨气："我们什么都没干啊！"

"你们洗个澡，都洗蜕皮了吧，这么长时间，搞得我孩子根本没法看书！！！"

"我们难道洗个澡都不行吗？"同学有些愤怒了。

我抓起浴巾，随便一裹赶紧冲出去，拉住同学，开始给人家赔礼道歉。大哥却不依不饶："我告诉你们几个，这街坊四邻就你们几个最闹腾，你们外地来的怎么就不能安静点啊！"

这下那个同学"炸了"，他最受不了的就是别人打地图炮，要撸起袖子准备回骂。我和另一个同学赶紧把他推回客厅，一个摁住他，一个继续给人家赔礼道歉。

总之，这一晚的风波总算是过去了。

之后的一周，楼下再没找麻烦，我们想着可能是那天同学的愤怒起作用了，楼下大哥觉得我们也是有脾气的。

结果，我们又错了。还是晚上，我们照例各干各的，不说话，结果楼下又上来敲门并且敲得更狠了："你们是怎么回事啊！我跟你们说，再这样我就报警了！"

很奇怪，那天那个异常愤怒的同学竟然窝在沙发上没出来，我就继续赔礼道歉，好话说尽。双方僵持了有十分钟，结果，警察来了！

原来是同学直接报警了。楼下大哥显然慌了神，但立刻镇定下来："警察同志，您来了！他们几个每天都吵得别人睡不着，好多人投诉他们呢！"

舍得对自己下狠手，
生活才会对你温柔

原来，他和警察叔叔认识，这下换我们慌了。

警察让楼下大哥先回去，然后进我们屋说："这人已经不止一次打电话投诉了，几乎每换一次租户，他都要报警说别人太吵。后来我们也调查过了，他可能神经衰弱，你们平时注意点，别理他就行。"

临走时，警察叔叔回头说了句："你们几个不错，以前都是他报警，你们是第一个报警的租户！"

故事很长，最后的结果是，之后的一年，楼下的大哥再没找过我们麻烦。

2

心理学中有一种现象叫"拆屋效应"，讲的是通过先提出比较难实现的要求，然后通过改变条件让对方同意。

把租房风波拿来分析一下，其实我们与大哥的博弈也有些类似。我们在最开始的时候，出于内心的愧疚更多地选择了退让，而大哥反而变本加厉地找我们麻烦。而当我们主动出击后，大哥也就在内心选择了一定的让步，于是我们的关系才实现了平衡。

在生活中，我们总会遇到一些蛮不讲理、脾气暴躁的人。我们是逃避、顺从，还是激烈抗拒？无论我们做出怎样的选择，最重要的是要给自己树立信心：我们有能力应对他们！我们只有防守好自己的界限，紧握自己的权利，才能不被人侵犯。

除此之外，人只有尊重自己的权利，才能获得权利。我们最终主动去争取了权益，才维护了自己的利益。如果我们当时放弃了报警的权利，那我们依然会一次次陷入困扰。

3

我们总说"打铁要趁热"，那么真的事事如此吗？

一个公司的业务经理 A 眼看着业务要成功了，而客户却临时提出了新的要求，新要求苛刻无比，令人无法接受。

A 赶紧找来业务骨干，加班加点讨论方案，新方案还没交给客户，客户又提出了更苛刻的要求，这让大家彻底丧气了。这时，A 做了一个决定，宣布让大家休假。他建议，先把问题晾起来，过段时间再解决。

谁知，在冷处理阶段，客户却主动让步了。这个故事恰恰告诉我们，有时候趁热打铁并不一定合适。

把矛盾放一放，冷静地思考和观察，或许那些看起来无法解决的问题，就会自动化解。

我们总是无法彻底逃离那些以自我为中心的人，而让我们事事顺心的方法就是用特殊的技巧搞定那些强势的人。

总之，没有"难搞"的人，只有不够高明的博弈策略。

CHAPTER / 04

你的界限感，决定了你的幸福感

<1>

在职场上，有一种打招呼的方式最让人尴尬：亲，有空吗？

你说有空，但手头确实还有些急活儿；你说没空，好像这么赤裸裸地拒绝别人太过冷冰冰。但很多时候，我们更多地选择了：有空呀，怎么了？

接下来的对话，对方通常只有一种目的：请求你的帮助。

乐于助人当然是好事，但当这种对话成为你们之间的常态时，你就要好好反思一下你们之间的关系了。换句话说，就是你要衡量一下，你们之间的交往是不是靠的仅仅是你可以帮他做一些事情。

如果是，那么你就要警惕了，或许在这段关系中你已经丢失了主导权——你被人掌控了。

舍得对自己下狠手,
生活才会对你温柔

2

大四那年,因为我已经顺利地被保研了,所以跑去西门子公司实习,那是我第一次感受职场生活,也真正体会到了所谓的"同事关系"。

倒不是我自己受了什么委屈,而是因为和我一块儿进来的小爱,一个来自重点高校的可爱姑娘。她当时就在我们隔壁的一个部门实习,所以他们部门的很多情况,我都看得清清楚楚。

小爱长得漂亮,学习成绩也好,也是因为被保研了才跑来实习的。刚入职那会儿,一起来的实习生们都觉得小爱真的太优秀了,工作能力也一定很棒。

她确实很棒,复印很棒、报销很棒、拿快递很棒……没错,实习了两个多月了,我们其他几个实习生已经开始参与会议讨论,并且起草一些报告和做一些PPT了,而小爱依然还在干这些事。

有一天,我实在看不下去了,就找小爱聊天:"你不能总是在这里干这些跑腿的活儿啊!"

小爱也很委屈,她讲了自己的忧虑:"我害怕如果我不帮大家,可能会被认为不友好,这样就会失去大家对我的信任。其实担心之外我确实也有些不爽,不甘心把自己的时间全都花费在别人身上,而且他们明明有时间,还是让我去干这些活儿。"

我看得出小爱的矛盾,她想干自己喜欢的事,可不得不违背自己的意愿帮别人做事,于是就陷入了极其糟糕的状态。这种状态越是持续,她越是无法逃离。她越是担心失去别人的信任,却越是得不到更多的信任,同时自己的时间和精力也被无休止地消耗着,生活也被别人一步步蚕食。

3

小爱遇到的其实是职场人的共同问题。有些时候,迫于领导和同事的威严或面子问题,又或者仅仅是希望通过帮别人来换取信任、获得好感,然后你就勉为其难地做一些不想做的事情。一次两次也就算了,长此以往,你积怨越来越深,对工作的热情也会降低。

这种获取好感的方式,往往是因为丧失了交往中的界限感。

我曾经看过一本关于"领导力"的书,书里针对如何处理自己与下属的关系,是这么告诉读者的:亲密但不无间。

没错,作为一个领导,你可以关心下属,照顾下属,表现出一种与下属的亲密关系,但你与下属之间绝不能变成一种"亲密无间"

的状态。一旦领导与下属之间失去了界限感,就会给下属造成一种困惑,使下属认为你们就像普通朋友一样,在处理一些工作任务时,下属就会带着一种"朋友"似的情感做事,对工作的标准也会随之降低。

领导和下属打成一片,但下属却忘记了自己的第一任务是做好工作。小爱是下属,却忽视了她与领导之间的界限,她以为与领导建立了很好的关系,就可以在其他方面获得认可。

但在职场上,对一个人的评价靠的不是你善不善良,而是你能不能为公司创造价值。同时进入公司的两个人,在几年之后便会逐步拉开差距,一个晋升,另一个却停滞不前,最核心的原因便是个人价值与创造能力的差异。

明白了这一点,以后遇到类似的不情之请,你或许可以做一个强势一些的人,而不是一味退让的那一个。

◆ 4

奥地利心理学家阿德勒曾提出过"自卑补偿理论",讲的是一个人在成长过程中总会有一些生理或心理上的缺陷,为了克服这种缺陷所带来的自卑,他会在某一方面特别发展自己,以求补偿。

《掌控》这本书中讲了这样一个故事：麦克小时候一直受制于母亲，没有说话的自由，所以长大之后就会经常把别人的讲话机会抢过来，然后滔滔不绝说个够。这或许就是因为多年来母亲对他的压制，导致他在成人之后出现的一种爆发。

麦克的母亲显然是无比强势的，她总是通过批评教育的方式控制着麦克的一切，而这一行为也影响了麦克的为人处事，麦克和他母亲的这种方式恰恰都是很难让人接受的。他们希望在人际交往中获得更多的关注，建立更大的权威，但这种强势"推销"的效果往往适得其反。建立真正的权威，其实是靠一种安静的、让人心悦诚服的无形的沟通来实现的，这样的方式才能让人如沐春风。

5

总之，人与人之间界限感的丧失，也就意味着对人际关系主导权的放弃。

都说"君子之交淡如水"，其实这讲的就是一种具有界限感的人际关系。过于亲密，可能对双方来说都有一种无形的压迫和困扰，反而不利于关系的稳定和持续。

我们回头想想之前的问题，你与那个闺密或者兄弟失联了很久，

舍得对自己下狠手,
生活才会对你温柔

是不是由于你们之间的界限感被破坏？"你中有我，我中有你"只是一种理想的亲密状态，保持各自人格的独立，才是一段稳定关系的基础和前提。

提高强势力，做"霸气"十足的自己

1

我在看《乔布斯传》的时候，被一个故事深深震撼了：在最新的苹果电脑操作系统开始测试时，每个苹果的员工都期待乔布斯能够给予赞赏，因为他们已经竭尽全力地让整个系统达到最佳状态了。

这天，乔布斯风尘仆仆地去找当时负责该系统的工程师凯尼恩，与赞赏相反，乔布斯开门见山地说："我们的开机时间太长了！"

凯尼恩虽有些意外，但又好像早已料到他会这么说，因为在乔布斯的世界里，一切都要追求完美。但从技术的角度上来看，他们真的已经把开机时间控制到最短了，再缩短开机时间，凯尼恩认为在没有硬件技术突破的情况下，绝无可能。

他开始向乔布斯解释，但乔布斯立刻打断了他，乔布斯接着问：

舍得对自己下狠手，
生活才会对你温柔

"如果能救人一命的话，你愿意想办法让启动时间缩短10秒钟吗？"

凯尼恩回答："或许可以。"

乔布斯拿起笔，在一块白板前演示："假设有500万人使用苹果的Mac电脑，而每天开机都要多用10秒钟，那加起来每年就要浪费大约3亿分钟，而3亿分钟至少相当于100个人的终身寿命。"

凯尼恩听了，被深深地震惊了。几周之后，乔布斯再来看的时候，苹果电脑的启动时间缩短了28秒！

2

关于乔布斯严格要求下属的类似故事还有很多，他要求将产品做到完美和极致，才有了苹果电脑、苹果手机这些改变人类生活的跨时代产品，而他的暴脾气也被广为"传颂"……

但换个角度看，乔布斯的"吹毛求疵"或许是对产品品质的不懈追求，而他对员工的严苛，其实就是两个字——强势，聪明的强势。

我们经常将"强势"和"苛刻"混淆，担心因为自己过于强势，让别人不舒服，但真正的强势应该是有策略、有艺术，能够让人心悦诚服的，这才是有效的"强势"。

回到第一段的故事，乔布斯并非简单地训责下属："你们必须给我做出来！"而是通过一个时间的演算，让人们感受到这种技术提升的重要性。

乔布斯自己也没有方案，但他有信念，而且他把这个信念上升到了生命的高度，在这种责任感的驱动下，每个员工对自己的工作有了更大的荣誉感和使命感。

于是，10秒钟的目标被突破到了28秒，这就是强势的艺术和力量！

3

我们日常查阅PDF文件，用得最多的软件就是Adobe。在文字查阅之外，Adobe软件公司还有一个超级软件——Photoshop，就是我们常说的PS。

而说起PS的来由，是和一部电影相关的——那就是美国最传奇、最经久不衰的伟大电影《星球大战》。

当年，《星球大战》的导演卢卡斯，为了将自己脑海中的奇幻世界变为影像，召集了一帮年轻人。他们每天昼夜都待在一个120平方米的房子里，夜以继日地制作模型、微缩拍摄，用尽一切手段将虚拟世界那些天马行空的东西呈现在电影里。

舍得对自己下狠手，
生活才会对你温柔

而驱动他们如此奋战的便是乔治·卢卡斯。卢卡斯和乔布斯一样，他也没有方案，但他会将自己脑海中的那个世界栩栩如生地描绘给所有人。

然后便是做。方案一次又一次被卢卡斯否定，很多人觉得他们根本达不到卢卡斯的要求，但卢卡斯一次又一次告诉他们："再试试看"。

最终，《星球大战》在1977年成功公映，在当时引起了巨大的轰动，之后逐步推出系列电影，还有周边的书籍、玩具、相关用品等。《星球大战》以电影为基础，建立了一个宏大的商业版图。

而当时跟着卢卡斯制作电影的那些年轻人，则因为《星球大战》的成功，建立了一家新的公司，并制作出了PS这个伟大的软件。

当时的几个年轻人也因为这部电影，积聚了巨大的财富，其中有一位曾说过："我很感谢卢卡斯，没有他变态的要求，不会有我们的现在。"

是的，强势看似是一种"变态"，但目标明确且正确的强势，却可以让每一个在高压态势下的人，获得最快速的成长。

◆ 4

强势的反面，便是优柔寡断，不善于提出不满或反对意见。

他们往往在别人的干扰下，很难做出正确的决策。当领导或下属提出质疑时，他们很容易慌了手脚，左右摇摆，将自己的初衷抛之脑后，改变决定，最终却毫无成果。

美国《成功》杂志的创办人奥利森·马登说："人人都应具有明确的决断力，它就像一枚指南针，会指引人们走上光明之路。"

而决断力的表现，往往就是你够不够强势。

在职场、家庭和人际交往中，我们经常会因为各种原因被迫处于劣势地位，面对他人不合理的要求，我们常常只能委屈自己，被迫答应。

而如果一味避让，并不会给自己带来任何好处，相反，表现得强势一些才能让问题迎刃而解。

但强势绝非盛气凌人、咄咄逼人，更不是张牙舞爪地较量，而是运用一种巧妙的策略，建立强大的内心和一套应对模式，以"四两拨千斤"之力，让对方打心底里接受你、尊敬你。

我们总结一下：一是不要总是当软柿子；二是强势的时候要让人心悦诚服；三是当我们处予他人的强势之中时，或许可以先判断一下，这种强势能否让自己成长，如果可以，请接受强势，继续努力。

舍得对自己下狠手，
生活才会对你温柔

"你弱你有理，我强我活该？"

1

有一个词叫"弱者逻辑"，讲的是有些人很喜欢用一句话来绑架你：我是弱者，你就应该帮助我。

通常有"弱者逻辑"的人，都有一种典型的依赖心理，希望利用弱者的姿态来达到某种目的。而这种依赖，对于很多人来说却成了一个个沉甸甸的包袱。

包袱产生的原因在于弱者依赖强者，但被依赖的人却不一定是那个万能的强人。当弱者的要求超出了"强者"的能力范围时，矛盾就出现了。

电影《当幸福来敲门》中有个情节特别令人揪心。威尔·史密斯扮演了一位落魄的高龄实习生，因为自己投资失误，濒临破产，妻子

CHAPTER / 04

离他而去,他便独自一人带着儿子和一箱子仅有的家当,靠着每天排长队排来的福利院床位勉强过活。

有天早上,他在公司门口遇到了上司,上司停车时发现身上没有零钱,便向他借钱,他那个窘迫的眼神,太让人揪心了。

他把仅有的钱给了上司,对于一个快要露宿街头的人,那一点点钱对他来说何其重要,这远远超出了他能承受的范围。

对于他来说,与其说纠结,不如说痛苦,他痛苦接下来的几天该怎么度过。

这其实是一个非典型的案例。他的上司不算是弱者,但是对于他来说,这种依赖行为确确实实成了他的包袱,而且他无从拒绝,只剩下自己黯然神伤。

2

电影归电影,在现实中,当我们遇到这种"弱者逻辑"的情感绑架时,或许最有效的方式便是果断拒绝。

有个场景对于职场人来说可能都不陌生。和我资历相仿的一个同事,总是说这个不会,那个不会,然后拜托我帮他做各种事情。一两次还好,问题是这些要求一个比一个过分。

舍得对自己下狠手，
生活才会对你温柔

他们看上去是一个弱者，但比强势的人更具有威力——他们懂得利用他人的同情心，为自己的过度依赖寻找正当的理由。

我们碍于情分不愿推辞，便屡次陷入他们的操纵之中，于是形成一种恶性循环，而那些持有"弱者逻辑"的索取者被彻底地惯坏了。

在和那些善于使用情感操纵手段的人的交往过程中，妥协和退让是毫无用处的，他们看准了你善良的品行，一次又一次消耗着你，肆无忌惮，变本加厉。

那么如何来破解呢？培养自己的决断力。

过于担心拒绝给人造成伤害，便会给自己造成更大的伤害。我们本希望通过助人为乐来维持与别人的关系，但这种被消耗的疲惫感，会让我们产生一种无形的怨气。可能一个有情绪的小表情，就会被别人所察觉，于是你们的关系最终产生了裂痕，这样反而得不偿失。

优柔寡断是阻碍人前进的绊脚石。兼顾所有，往往会让我们处于极其被动的局面，最后可能全盘失守。所以我们必须调动自己的理性思维，果断地做出选择，防止被他人情感绑架。

最后，我们依然总结一下：一是不做那个总是以弱者姿态向别人寻求帮助的"索取者"；二是要学着向那些"索取者"说"不"；三是拒绝他们之后不用苛责自己，因为过度索取者需要被拒绝，才能"醒"来。

我不要过"听话"的一生

◇ 1 ◇

自打我记事的时候起,长辈们就给我贴了一个标签——听话。

小时候,我想吃辣条,妈妈说不卫生,我只好作罢;我想学骑自行车,爸爸说我还小,骑车危险,我只好作罢;长大了,我想去做兼职,爸妈担心我受苦,我只好作罢;我想去一个人旅行,爸妈担心我不安全,我只好作罢……

诚然,"听话"的人会平平安安,但"听话"的人生也平平淡淡。

有一句话正中我心:你所有的限制,都只来自你自己的设限。既然我有"不听话"的欲望,为什么一定要过"听话"的一生呢?

长辈的爱我理解,也很感激,但这种爱会慢慢变成一种负担、一种"委曲求全"。我不甘心,我放不下,我不愿就这么"听话"地度

舍得对自己下狠手，
生活才会对你温柔

过此生。

我开始改变，开始挑战，开始做那些看似"不听话"的事情，而"不听话"很多时候意味着我要承担风险，我要面对困难，我要从一个看似"舒适"的环境跳到另一个会让我煎熬、给我痛苦的舞台。

但当我在这个舞台上不断地折腾，甚至不断地"自虐"时，我会发现那些"不听话"的选择带给我的除了痛苦、风险，和不确定性所带来的煎熬外，更多的是改变自己之后所获得的快乐和满足感。

杨绛先生在百岁时说："人寿几何，顽铁能炼成的精金，能有多少？但不同程度的锻炼，必有不同程度的成绩；不同程度的纵欲放肆，必积下不同程度的顽劣。"

人生这幕剧，你选择做一个天马行空的编剧，还是做一个"听话"的演员？

2

大三时，我面临就业、保研、出国三重选择。

保研看起来最稳妥，但前提是我需要在毕业之后先去一个国家级贫困县的小山村支教一年，父母担心我受不了那边的苦，担心我耽误一年的学习，他们更希望我能考个托福或雅思，出国去看看。

但令父母万万没想到的是，从小到大言听计从的我，竟然毅然决然地选择去支教。

我给父母发了一条短信：爸妈，对不起，我这次可能让你们失望了。我知道，出国有万般好，但这个时点，我更想去中国最贫困的地方看看。我出生在小地方，看到过很多贫苦的人，听到过很多贫穷的故事，但我却从未有机会和他们产生交集。你们教育我要助人为乐，而去大山支教不就是我帮助别人的最好机会吗？

这几乎是我第一次独立地、不听话地做出的重大的决定，我回头看，那年所谓的艰苦都早已被淡忘，而与孩子们的情谊、对志愿服务的理解、对贫困更深刻的认识，却让我一辈子铭记于心。

3

读研时，我的一个朋友突发奇想，约我一起从北京骑自行车到天津。骑100多公里的路程，对我来说可是个宏伟的工程啊！

"乖乖仔"的我第一时间告诉了父母，不出所料，我得到的回复是，绝对不能去！

我知道我身体不算强壮，骑车技术不太好，对路线也不熟悉，但我就是想挑战一下。我默默挂断了电话，然后找人借车、上网查路线

舍得对自己下狠手，
生活才会对你温柔

图、搜攻略。身边的朋友们都觉得不靠谱，劝我别瞎折腾，认为我要想去天津玩，大家一起坐动车去，这样多舒服。

我以微笑表示感谢，但接着收拾我的行李装备。开始上路的那天，我从早上6点出发，到下午6点才终于到达了天津火车站。

路上，由于太阳的暴晒，我的皮肤过敏了。水喝完了，我就加紧骑一段，盼着能遇上一家小店。骑到下午，屁股被磨得快要开花了，我灵机一动拿出准备换洗的一条短裤绑在车座上。路过一个村庄，马路上晾晒着玉米，我只好推着车沿着路继续往前走。历经千辛万苦后，我终于到达目标地点。

晚上，我躺在宾馆的床上，给父母打电话，我抑制不住兴奋："爸，妈，骑车真的很累，但我做到了！"

4

求职季的时候，同学们都羡慕我已经在××总行实习了半年，所以我基本可以稳稳地入职，但我却选择了继续求职。

好友不解："你这已经是录取通知在手的人了，干吗还跟我们挤这独木桥？"

我不听。我不断地修改简历，调整网申文档，整理面试素材，和上班族们一起拿着自己的简历挤公交、挤地铁。

而我在面试这半年，远比我平静地待在学校成长得更快、提高得更多！

如果我"听话"地选择直接入职，人生怎么会有另一种可能呢？

5

工作之后，我发现"啤酒肚"几乎成了男人们的标配，我也未能幸免。

我看着自己日渐隆起的大腹，还有快要被肥肉撑裂的衬衣，实在忍无可忍，于是深呼吸一口，下定决心减肥！

我给自己定了一个30天的减肥计划，励志要一个月瘦15斤！我吃饭尽量戒油、戒糖，主食不变，菜品上除了青菜和鱼，其他一概免谈。我给自己跑步不断加量，从最初的一天跑半小时，到一天跑一个小时，再到一早一晚各跑一小时。

对自己这么狠的状态维持了两周，我真的瘦了10斤！但因为每天真的太饿了，我满脑子都是美味的油泼面。

老婆心疼了，担心我身体出毛病，让我别减肥了，但我30天减肥的军令状都下了，岂有放弃之理？"妻管严"的我想办法说服老婆，虐自己虐得更狠了。

30天后，我再一上秤，刚好减掉20斤！

当我们下定决心全力以赴时，总会听到一种声音："你已经很棒了！""开心就好呀！"……既然你那么苦，听别人的话算了，开心就好不是吗？可你真的会开心吗？你真的会变好吗？

我们不能只听别人的话，却独独不听自己的话啊！

6

记得那一年，跑步成了我生活的一部分，我陆陆续续参加了一些10公里的比赛。当我拿着那些10公里奖牌独自欣赏时，一个念头一闪而过：为什么我不能把这块10公里奖牌，换成一块马拉松奖牌呢？

于是我收拾心情，再给自己一个目标——搞定马拉松！

按照惯例，我还是跟爸妈分享了我的新目标。对于我这个想法，爸妈依然表示不赞成。这些年我的一些"忤逆"决定已经让他们有心理准备了，他们反对也没用，只是表明态度而已。

爸妈不赞成的原因也很简单——担心我不安全。这些年，因为"跑马"猝死的人可不是一两个。

我知道我没有接受过系统的训练，但我对自己有信心，我即使走

CHAPTER / 04

也一定能够走到终点。于是我开始加强对自己的训练。要想完成马拉松比赛,最重要的就是训练距离要增加。从5公里到10公里,再到20公里,再到模拟全马42公里,我那一点一滴的积累为的就是能够享受冲过全马终点线的那一刻。

身边的朋友们也劝我:"差不多就行了,不行你先跑个半马,重在参与嘛。"但我已经笃定地先去实施我的想法了。

比赛那天,我一直压着配速,在10公里的时候一切如常;20公里的时候,路边陆续有人开始去医疗站喷云南白药了;30公里的时候,身边的人已经越来越少了;最后5公里,我发现前半程的蓄力让自己的配速一直稳定到最后,那种撞墙的感觉也远没有自己想象中那么痛苦。

他们都说,全马跑到最后5公里的时候,都会骂自己傻,为什么要参赛,但我没有,我很享受,享受那5公里的痛,更享受痛之后的满足感。

在冲线的那一刹那,我才知道一个人原来真的会热泪盈眶,原来自己真的可以挑战"不可能"。

舍得对自己下狠手，
生活才会对你温柔

7

工作之后，我内心就一直有个声音——考博。

但报名了三年，我却缺考了三年，家人体谅我：有了孩子，还要上班，没时间复习，很正常。我也可以安慰自己：工作稳定，收入还算不错，车房都有了，还和最爱的人结婚生子了，这种神仙生活还考什么博士？

但我就是不甘心啊，我就是觉得做一个"听话"的、平淡的人不好玩啊！

于是，我再一次踏上了自虐之旅，严格控制睡眠时间，除了工作之外，一切以复习看书为主，甚至连最爱的跑步也先放到一边，为的就是孤注一掷、全力以赴。

我深知工作之后的安逸平淡是一个人停滞不前的最大障碍。我就是要让自己跳出那个舒适区，跳上自虐的舞台。"我来编剧我来演"，这种内心的欢愉和充盈感又何止是一张录取通知书能得到的？

其实，每一次不听话，每一次自虐，每一次折腾，都是要掉一层皮的，这就是蜕变。蜕变伴随着痛苦，需要我们积蓄、坚持、隐忍，在泣血中挣脱往昔的束缚，在砸碎过去的锁链中寻觅新的生机。

人非生而不同，人有一样的起点、迥异的终点，最后他是否会成功，关键取决于途中奔跑的速度。到头来你会发现，你驻足的某个停靠点，亦是你人生搁浅的地方。

舍得对自己下狠手,
生活才会对你温柔

别在最该狂飙突进的年纪,追求平凡可贵

①

30岁之前,我的座右铭是,不能不趁三十以前立志猛进也。

没几年,30岁到了,我虽然谈不上"三十而立",但猛进的目标却更加清晰和笃定。

30岁这一年,二宝出生、博士录取、升职换岗、成为签约作者,一年的时间里,我看起来算是硕果累累,而这些却只是我成长过程中的一个个小注脚。

有朋友问:"干吗把自己搞得那么累?差不多就行了。"

30岁之前,我会告诉自己,还有时间,可以慢慢来;但30岁之后,做事情可以慢慢来,但成长的速度却绝不能慢下来,而最暴力的成长方式就是狂飙突进!

CHAPTER / 04

这段日子，因为岗位调换，我进入了一个全新的工作领域，工作强度也以前所未有的速度增大了，原来朝九晚五的生活成了奢望。但是越忙的日子，越是令我对所谓的"狂飙突进"有了更深的理解。

2

冯仑曾经写过一本畅销书，叫《野蛮生长》，我想对于每一个职场新人或者初级管理者来说，"野蛮生长"并不意味着毫无目的地肆意拓展，而意味着应该向着目标笃定、快速地奔跑。

下面我讲一个关于野蛮生长的真实故事。

今年去上海出差，恰巧上海公司的老总是我同校同系的大师兄，工作之余我们一起聊了很多关于他成长的故事。他应该算是整个集团内升职最快的领导了，不到30岁便已经在关键岗位上成了一把手。

但是在人人艳羡的经历背后，其实隐藏着很多成长的坎坷故事。当年本科毕业，面对工作和继续深造的选择时，他毅然选择去参加工作。一个小毛孩，直接被派到了京外，而由于当年公司动荡、人事变动频繁，待了不到一年，他就被赶鸭子上架做了财务经理。

他开玩笑说:"当时我懂啥啊,年龄最小,资历最浅,但既然上位了就不能给自己丢脸啊!"于是,这种简单的"不丢脸"想法支撑着他夜以继日地工作下去。

他在北京的同学,要么还在继续读研,要么就是在国企过着悠闲的日子,但他没有退路。

虽然他肩膀稚嫩,压力大,但也只能硬扛,别人一天可以做完的事情,他要通过更多的时间来学习、适应去做一个年轻的、称职的管理者。

他回顾自己的晋升之路,只给了我四个字的寄语:野蛮生长。

3

没有重压,难有成长;压力有了,还要有目标。

对于我个人来说,2016年最重要的一项目标就是——写作。

从2016年8月13日开始,我用了大量的时间写作,基本上保持一天写一篇原创文章的速度。

虽然我在10月份之后由于工作的调整,更新频率大幅下降了,但是基本上完成了当初给自己定的目标——2016年底时公众号粉丝达到两万人。

CHAPTER / 04

粉丝数从一千多到两万,虽然比不上那些超级网红IP们,但是对于一个只能靠业余时间写作的上班族奶爸来说,我个人还是很满意这个成绩的。

很多人问我是如何做到的?其实最重要的一点是要有目标。

写作是一件特别需要坚持和笃定的事情。以前我在豆瓣也写过文章,但更多的是写一些生活的流水账。对于运营公众号来说,要想提高传播度,就一定要写出对读者有价值的东西,下笔之前也要不断地思考,不断地搜集素材,然后推翻,再继续写,然后再推翻……仔细打磨一篇精品文章,真的非常耗时。

以前我写作时很容易疲倦,坚持一个月就有可能放弃了。而这次,我给自己设定粉丝数量目标,就是要把这件事量化,要让自己能够看到实实在在的成果。

换言之,没有目标很容易陷入疲劳之中,会对自己没有约束,对一件事的热情也就成了"三分钟热度"。但是你一旦设定了清晰的目标,这件事就变成了一项可以评价的任务了,你就会督促自己朝着目标坚定地前行。

4

目标之外，精进还需要方法。

我们说快速成长，通俗讲就是成长的速度要快于一般人。结合最近对于新工作的认识，我总结了一下快速进入一个陌生领域的思路：

1. 要疯狂输入

当面对一项陌生的工作时，你很容易会有"老虎吃天，无从下口"的困惑。越是陌生，就越是无法捕捉关键信息，于是工作效率和成果也就大打折扣。

面对这种困境，最好的解决方式就是硬着头皮、撸起袖子狠狠干！

这个时候最大的障碍就是自我否定——因为很多事情都是全新的，于是理解起来就会慢很多。当积攒的问题越来越多而得不到解决时，就很容易产生畏难情绪，自己就先放弃了。

这个输入阶段，是最基础也是最重要的，通常那些放弃成长的人，80%都是因为放弃了输入。

2. 要深入思考

当输入足够多的信息后，你面对新问题、新领域时会逐渐找到感觉，之前的"天书"也没那么晦涩难懂了。这个时候你千万不能放松警惕，一定要趁热打铁，在已有信息的基础上开始思考。思考什么？

我们总说"只见树木，不见森林"，第一阶段我们看清了树木，第二阶段我们就要让自己的思维变得开阔。

举个例子，某项工作从最初的文件整理，到计划的制订、执行，这些执行层面的工作不能做完了就算了，你一定要多问自己几个为什么。养成自带疑问的习惯对于我们更深入地理解工作有着非常重要的意义。

3. 要持续实践

实践出真知，前两阶段还算是纸上谈兵，第三阶段我们就要真刀真枪地上战场了。

我们经常会走入这样的误区里：我们以为对工作熟悉了、了解了，但真正在实施的过程中就会遇到各种各样的问题。而实践的过程，就是要让我们不断试错的过程，在这个试错过程中，自己的经验就会不断增加。

游戏里打怪升级的设置和我们快速成长是一个道理，你要想提高自己的技能，唯有不断完成各种打怪任务。

不要以为人生经验不重要，不要以为年轻有为才是真理，那些年轻时候就获得极大成功的人，都是比同龄人犯了更多的错，吃了更多的苦的。

在成长的路上，尤其是狂飙奔跑的路上，绝不会一帆风顺的，总会有倦怠的时候。

只不过,有的人选择停下脚步,告诉自己平凡才是可贵的;有的人则继续鼓励自己、强迫自己,告诉自己只有努力成长才不会悔恨羞愧。

我选择后者,你呢?

CHAPTER / 04

别让梦想成为你无能的借口

① 1

有一年春节我回老家，一个远亲的孩子到我家拜年，厚厚的羽绒服遮盖不了这姑娘蠢蠢欲动的心，她问我："哥哥，我想去北京学跳舞，你说我能出名吗？"

我有点蒙了，学跳舞固然好，北京有更好的条件，但对于她是否会出名，我没有发言权，也不敢妄下论断。"你如果真的爱跳舞，那就好好跳，北京环境好，机会会更多。"我只能这么回答。

一年之后，她真的来北京了，父母把大半生的积蓄都砸在了她的舞蹈梦里。

来北京的第一年，我请她吃了一顿饭，现在我只记得她说的一句话："哥哥，你们学校的人都穿得好土啊，好像书呆子……"而我就

舍得对自己下狠手，
生活才会对你温柔

是那些书呆子之一。

前年春节，亲戚们组织了一次家庭聚餐，她父母也在。聊起孩子，两个老人泪眼婆娑。原来女儿去北京学跳舞的第一年，就因为顶撞老师被开除了，她瞒着父母在北京游荡，认识了一帮同样无业、"有梦"的游民，整日与他们吃饭喝酒、抽烟打牌，却再也没去碰她曾经最爱的舞蹈。

有一次，他们醉酒并且和邻桌的一伙人打架，别人跑得快，只剩下她一个人，结果她拎着一只高跟鞋被关进了派出所。对方验伤后被诊断为轻微骨折，要求赔偿三万，她一下子慌了神，联系那些一同"追梦"的朋友们，而他们早已人间蒸发了，她只好哭着给家里打电话。父母第二天坐火车赶到了北京，把她接回了老家。

老两口说，姑娘回家之后，一直哭着要再来北京实现她的跳舞梦，但他们实在掏不起巨额的学费，也不敢再放女儿独自追梦了。

"那她还在跳舞吗？"我问。

"还跳什么跳，她净想着要出名，就没见她认认真真跳过一次！"

2

我的家族有一个在我看来特别不好的理想，就是一定要让孩子们都去北京。

记得在我上大学之前,几乎每一次家庭聚会,长辈们都会微醺着端起酒杯一个一个跟我们这些孩子们碰酒,然后对我们进行谆谆教诲,这些教诲的核心就是一定要努力考到北京去。

我还算幸运,来了北京,可我的一个堂弟就没那么好运了。他复读了一年,第二次的成绩还没上一年好,伯伯打来长途电话,让我劝弟弟再复读一年,争取下一年考到北京。

我拒绝了,因为我做不到替别人做选择。

堂弟可能被洗脑了,也心心念念要来北京,他又一次复读,依然榜上无名。这次是他主动给我打的电话,询问我在北京有没有那种专科或者三本,他还是想来北京。

我想不通,为什么他来北京的愿望那么强烈,高考的成绩却一年比一年差。他的一个同学给了我答案,他在复读的这年,总是和别人说自己的理想有多远大,一定要去北京,但从来没有踏踏实实地看书、上课,成绩不好就说是老师教得差、学习环境差,似乎他的来京梦想只需要坐着就能实现。

后来,他还是没来成北京。有一次在老家聚会,他喝多了,拉着我的手哭着说:"哥,我真的想去北京,这是我一生的梦想。"

都说梦想要有,万一实现了呢?但如果你只是在不停地做梦,却从来不去付诸努力,那样的梦不如早点破、早点醒。

3

一个人的梦想总是很宏大,但他要实现这些梦想,就要制订详细的计划,计划是实现梦最基本的事。

我们习惯订计划,更习惯了打破计划,最喜欢的是拖延计划,最后干脆把计划扔到一边。

之前我写的那篇"一个月瘦二十斤"的文章,曾经在豆瓣上被推到了首页,很多"友邻"发来"豆邮",咨询我减肥的问题。一个姑娘很认真地发来了她的减肥计划,我一看,吓了一跳,比我对自己还狠。

她一天的时间几乎都奉献给了减肥,这简直是非人类的计划。她跟我说这计划可是花了她差不多一周的时间才订下来的。计划制订得堪称完美:早上6点起床跑步,只喝一杯咖啡,吃一点水果;上午上班要用10分钟做平板支撑,中午不吃饭,只吃蔬菜沙拉,下午依然不吃;晚上再跑步一小时,还要练瑜伽、跳郑多燕健身操……

过了一个月,我再看她的首页,广播里全是,今天放假,犒劳一下自己，然后附上一堆高热量美食照片；跑步受伤了，说"要对自己好一点"；"他们都说我瘦了，你们觉得呢"，然后加一张美美的自拍照，我不知道是不是用美图软件修过了。

在我看来，计划和梦想不能不切实际，不然会压得自己喘不过气来。我们每天看着自己的梦想清单，想着自己实现梦想的样子，睡觉的时候都在笑。但其实你只是把梦想写下来了，你做了吗？你为梦想奋斗了吗？你从不努力向上爬，哪怕为了离梦想近一点点。你的梦想好像挂在天边只是让自己看的。

现在，梦想似乎成了最廉价的商品，人人必谈梦想。我们需要梦想，但不需要理想主义。你口若悬河、言必理想，却止步不前、懒于付出，那么梦想真的已经被你透支了。

还是那句话，你的梦想，只是你无能和懒惰的借口罢了。

CHAPTER 05 | 舍得对自己下狠手，生活才会对你温柔

十年后的你，一定会感谢今天跟命运死磕的自己

人的最高境界就是追求完美，

在追求的过程中，

你需要做的仅仅是比别人多走一步。

舍得对自己下狠手,
生活才会对你温柔

我没考上好大学,就该万劫不复吗?

逛知乎的时候,我看到了这么个问题:我没考上好大学,这辈子是不是就完了?

题主只写了标题,没写一点其他信息,我分明能感觉到他在提问时的那种失落。

下边的回答不多,有一个回答让我感慨颇深:你的一切负面想法不是个例,至少我有,没考上好大学不是人生的终点,读大学也只不过是帮你学会怎么向这个社会过渡。你没必要把大学看得太重,把自己看得太轻,要知道活着就是一首好诗。(作者:伟岸星空)

◇ 1 ◇

过着一眼就能望到未来的人生,是不是就真的没有活下去的意义了?

我先给大家讲个故事,公司的一位领导曾经给我们这些小辈员工

分享过一个真实的故事:

他是20世纪80年代末的人大毕业生,天之骄子,那时候毕业后出国是大家的第一选择,但也是最困难的选择。

在那个风起云涌的年代,青年一代怀着对新世界的渴望和对现有状态的迷茫,拼命想出去看看。还记得《中国合伙人》吗?俞敏洪的那一代,确实是怀揣着对世界的好奇,誓要冲出亚洲,走向世界。

对比现在出国的轻而易举,那时的出国简直比登天还难。当年歌手郑钧毕业之后美国签证都拿到了,却留在了国内唱歌,这让所有人都觉得不可思议。

当然,留在国内的人还是大多数,包括他和一个同学。在双双被拒签之后,他们一起进了我们现在的公司。

入职的第一天,他俩一起去公司后勤部领办公用品:一支笔、一本本子,还有一把椅子。

椅子在那时也算是比较贵重的个人专属财产,可能有点像现在配给每个人的笔记本电脑一样。在领椅子的时候,他很好奇为啥同学这么磨蹭地东挑西拣。他想:反正也差不了多少,何必浪费时间呢?

有人在后边催他同学:"差不多就行了,有啥好挑的?"

他同学说了一句:"说不定这辈子都要坐这把椅子呢,可不得挑个好点儿的?"

越对现状看得清的人,越不会安于现状。

那个担心一辈子坐一把椅子的前辈,在入职之后依然保持一颗积极上进的心,考了各种证书,学了各种技能,没过几年便投身于蓬勃兴起的房地产行业了。接下来的故事不用多想,他赶上中国地产业的黄金20年,早已实现了财务自由。

领导开玩笑地说:"每次同学聚会,谈工作的往往都是普通的公司中层,而谈文学、艺术、体育的人反而都已经是财务自由的大佬了。"

其实,这位同学纠结于一把椅子,不正是和那个"高考落榜生"一样的心理吗?

未来的不确定性太多了,总不能因为一次选择失利就放弃一生吧?

◆ 2 ◆

当年求职的时候,我收到了平安总部的录取通知,但因为过于想要留在北京,所以婉拒了去深圳的机会。

但是,在面试过程中,我对那位平安的HR(人力资源)老总印象深刻。他给我们讲了一个故事:当年,他们看上了一个年轻人,但最后他选择了另一家公司。这位HR对年轻人非常看重,曾对他说:"我们尊重你的选择，但是如果在三年之内你有新的想法，欢迎随时联系我！"

三年之后，年轻人果然联系了他，HR第一时间给年轻人买了机票，安排他来深圳面试。

结果令人诧异，年轻人落选了。

HR说，在面试的过程中，年轻人的表现令他很痛心，因为职场的前三年本应该是野蛮生长的时候，但这个曾经被自己寄予厚望的年轻人，已经过惯了安逸的生活，三年的时间，别人在他的身上几乎看不到任何成长。

在中国人的观念里，一个人一生有几个光宗耀祖的时刻，金榜题名便是最重要的一个，考取了功名也就意味着改变了一生。

而在这个时代，功名对于一个人来说，最多只是其中的一把钥匙而已。当你打开了高考的大门，或许会看到更多不同的世界；当你打开了工作的大门，又或许成了别人艳羡的人。

但是互联网却是打开了几乎所有门的钥匙，你不用考上北大、清华，就能通过网络获取最新的课程；你不用进入大公司，同样可以在创业小公司里实现自己的价值。

总之，人生路漫漫，有无数的门等着你去开启，你何必纠结于一把钥匙呢？

舍得对自己下狠手,
生活才会对你温柔

每天往返于公司与蜗居的北上广生活,买了房又能怎样?

前阵子,因为北京房价暴涨又掀起一轮"逃离北上广"的热潮。

有一篇很火的文章,文章中提到,即便是北大、清华的毕业生,面对天价房子,也同样感到无可奈何,从而发出了阶层固化、"对北京有点难过"的感叹。

没上车的人,在默默悔恨;上了车的人,在暗自庆幸。

那么,那些早些年在北京买了房子的人,真的成为中产精英了吗?

1.去一线城市的初衷,难道真的只是为了买一套房子吗

从财富价值来看,拥有一套房子似乎真的是攥住了阶层上升的钥匙,毕竟北京一套房子上千万,换作在其他小城市,你真的算精英中的精英了。

但是，每天穿梭在这座城市中，我一直在思考：如果我们仅仅是往返于公司和家之间，即使买了房又能怎样？

我们当初一定要拼死挤进"北上广深"等一线城市，至少是因为两点：一是一线城市给了我们更宽阔的视野；二是一线城市拥有更多的资源。

遗憾的是，越来越多人忘记了自己的初衷，身处一线城市，不但视野没有得到拓展，而且资源也没有获得变现，支撑他们继续留在"北上广深"的理由，竟然成了"为了能够买得起房"。

这或许是最令人心痛的理论。

有些人幸运地买了房，或许会在北京生活一辈子，而活动的范围却极其有限，可能仅仅是公司与家两点一线。过着这样一眼便可以望得到未来的生活，他们有一所天价的房子又能怎样？

他们生命的所有可能性，都被绑缚在公司和房子之上了，那么挤上买房这辆车，可能才是人生最大的错误。

2. 买了房，或许丢了生活，忘了梦想

我有次出差去山东，和我一起的既是公司的前辈，也是同校的师兄，所以我们在一路上聊了很多，但聊天的模式有些尴尬：我是天南

舍得对自己下狠手，
生活才会对你温柔

海北地闲聊，他却总是把话题扯到工作上。

聊着聊着，我实在有些招架不住了，和他开玩笑："师兄，咱们要不先别提工作的事儿，到现场有的是时间呢！"

师兄有点后知后觉："实在不好意思啊，我每天脑子里只剩下孩子和工作两件事，你说的很多我真的不是很了解。"

其实，他只比我大三届，但他本科毕业之后就工作、结婚、生子了，当年还硬着头皮东拼西凑地在三环内买了一个小两居，那时候房价还不到一万元一平方米，现在已经十几万元一平方米了！

或许是因为我"吐槽"房子、孩子之类的话题，他也打开了话匣子："其实，这些年我一直都后悔留在了北京。"他坦言工作之后，尤其是有了孩子之后，他的生活基本上就是往返于家、公司、幼儿园之间了。但他和北京几乎所有的资源都隔绝了，那么多人羡慕我们可以享受最好的医疗、教育条件，羡慕我们一年四季可以看最新、最炫、最当红的演唱会，羡慕我们可以有那么多世界级的企业可以选择……太多小城市奉为至宝的资源，却被我们轻易忽视了。

我想起曾经一位老家的同学来北京，问我们香山的风景到底怎么样，我们在北京读书的同学却面面相觑，因为来北京这么多年，大家竟然都没有去过香山！

3. 身处一线城市，绝不应该浪费一线资源

和那位师兄相反，有个朋友的人生状态却让我异常佩服和羡慕。

我在准备考博的时候，正好他说自己也在准备考试，我们就成了书友。

在咖啡厅里，他拿出了一套托福的教材，还有一叠自己的笔记。没错，他要考托福，为的是准备出去看看。

他自嘲："我从去年就开始复习了，到现在已经刷了好几次分了，我就不信自己考不了高分。"我惊叹："考托福的花费可不小啊！"

他笑笑："我现在是彻底的月光族，不过过得很充实、很开心！"

考托福似乎很苦，但除此之外，他的生活简直炫酷：他是一个话剧爱好者，一有新剧就开心地去看；他把房子特意租到了小西天，因为那里有一个中国电影博物馆，会放一些很有价值的电影；他爱读书，全北京的书店尤其是一些地下书店，他都是常客；他是个"品质控"，衣服鞋包经常海淘，我们说他奢侈，他就把手机打开，让我们看他的特价信息，这比国内的便宜了太多了……

我好奇：因为他计划出去读名校的MBA，他需要的高昂的费用怎么办？

原来他在毕业之后的两年，就赶着房价不算高的时候在通州买了

舍得对自己下狠手，
生活才会对你温柔

一套一居室，当时他的想法便是先买来等升值，然后时机成熟的时候，就把房子卖掉用来读书。

当时他在买房子的时候，其实大家都劝他：既然首付还不够，就先别着急东借西借地买房，毕竟还没结婚。但他坚定"买房子不是用来住的，只是用来存钱"的观点——存钱去读书。

为了出去读书，他可以把钱全部押上，这样才能让自己不留任何遗憾。

用他的话说："我当时来北京，就是想看看这个城市和我们的小县城到底有什么不一样，现在我想去更大的世界去看看。"

无论是否有房子，他始终有梦想，他在北京生活不是为了一套房子，而是为了可以利用一线城市的所有资源，获得实现梦想的资本。

上了一线城市房子的船，你到底是远航还是沉没，其实与船本身没有任何关系，重要的还是那两点：你有没有一线的视野和一线的资源。

你总说"开心就好",却依然不开心也不够好

<1>

2005年高考结束后,同学S打来电话问我考得怎么样。

我说估分成绩很差,如果一志愿没录取,我就去复读。S平时的成绩和我差不多,虽然没有那么稳定,但我估计他的目标学校应该和我差不多。

S说:"你还真复读啊?我是不准备复读啦,只要有学校要我,我就去!"

如今都过了十来年了,我依然清晰地记得这些话,因为这是我第一次发现,原来不同的人对于自己未来的选择有这么大的差异。

成绩出来了,我运气很好,顺利地被一所不错的大学录取了,而S却发挥失常,去了四川省的一个二本学校。开学前,同学们一起聚

舍得对自己下狠手，
生活才会对你温柔

餐，算是散伙饭。S在饭桌上兴致很高，给我们一一敬酒，说："各位，我以后就一人镇守大西南啦，哈哈哈！"

喝得差不多了，女生们都已纷纷离去，剩下几个小老爷们一起谈人生、谈理想，已经决定复读的W问S："你确定不再复读一年了吗？以你的成绩，本应该上重点大学的。"S端起酒杯："不复读，不复读，人不就是开心就好嘛，我可不想在这个鬼地方再待一年！"

大学之后，同学们的联络渐渐少了，我偶尔会登录一下QQ空间或者校内网，看看同学们的近况。S在校内网上写了几篇文章，几乎每一篇都是对大学的吐槽，说某老师水平太差，说学校食堂的饭不是人吃的，说学生会那帮人太虚伪……全是止不住的负能量。

不过，在宣泄完负能量之后，他总能把话题巧妙地引到自己的人生哲理上：算了算了，不跟你们计较，只要我过得开心就好。

又过了几年，高中的同学有的继续读研，有的入职工作，我听其他人说，学通信工程的S回到邻市的一个联通公司工作，也算是学以致用。

再后来，关于他的消息就是，他因为贩卖客户电话信息被举报，刚刚结婚就被判服刑一年。

听到这个消息的我们，唏嘘一片。我不敢说S的这些事情是否和

CHAPTER 05

他的"开心就好"哲学有关,但当一个人对人生的每个决定都是以"开心就好"的标准来衡量时,那他的一生过得也未免太过草率了。而且那些看似洒脱却草草做出的决定,最终都会让未来的自己不开心。

◇ 2 ◇

自从我写了一篇关于"月瘦20斤"的文章,在微信公众号后台,我经常收到读者问我的关于减肥的问题。在给他们一一解答之后,我通常都会收到他们信誓旦旦的回应:"我也要像你一样瘦下来!"

他们定目标的时候满腔热血,但反馈回来的成果却完全不同。我总结一下分三类:

第一种:"我坚持了一周了,真的已经瘦了两斤啦!"第二种:"我跑了十几天了,效果不是很明显,但我会继续坚持的!"第三种:"我已经这么用力减肥了,跑得那么累,吃得那么少,还一点效果都没有,算了,我不跑了,反正开心就好。"

对,就是第三种,无数减肥失败的朋友,当然也包括曾经的我,就是这么安慰自己的。生活已经如此艰难了,何必还要这么折磨自己呢?人生在世,吃喝二字,短短一生,及时行乐啊!

但当我们开开心心地放弃减肥之后,真的会变得开心,真的会变得好起来吗？很多人在胡吃海喝了几天后，又开始纠结：为什么设定的目标又没有实现？为什么别人能瘦下来，我却总是没有效果？我怎么总是这么失败，什么事情都坚持不下来？

从纠结到自我质疑，再到自我埋怨，最后陷入了深深的焦虑，你不仅减肥失败了，还把自己搞得很不开心。

很多时候，我们嘴上说的"开心就好"，其实是一种自我逃避，因为害怕失败，所以我们干脆在半路上就给自己喊停，而且配上了一个冠冕堂皇的理由——"开心就好"来安慰自己。

是啊，"开心就好"一直排在人们的人生座右铭的前列，但说出这些格言的人，通常都是那些经历过漫长黑暗、终于看见阳光的人，因为他们已经经历过最不好的人生，所以才会告诉我们"开心就好！"

3

谈到自我逃避，"开心就好"真的是一剂超级良药！

说好的早睡早起，结果你躺在床上抱着手机刷淘宝、刷微信。告诉自己再过10分钟就睡，结果你却不断地拖延，在N个10分钟之后，你干脆告诉自己："算了，周末给自己放个假，开心就好！"说好的

CHAPTER / 05　　　　　　　　十年后的你，一定会感谢今天跟命运死磕的自己

每天利用通勤时间看电子书，你下载了一个G的经典好书，觉得充实得不得了，结果你每次一上地铁，看着手机上的读书软件，就是下不了狠心点下去，于是心里默默安慰自己："上班都这么累了，追一集综艺节目好了，开心就好！"说好的上班时间不乱刷网页，你还给自己下了一个"番茄钟"，逼着自己专注于工作，可没过半小时，弹出新消息：某某和某某结婚啦！那可是你的"男神"和"女神"啊！好吧，接下来，你把所有关于他们的新闻都翻了一遍。我知道翻新闻的时候，你一定是有负罪感的，但你转念一想："男神""女神"就结这么一次婚，我放纵一下自己又有何妨？开心就好嘛！

是啊，一句"开心就好"，就可以让我们对自己所有的不满、对无法完成目标的所有不安烟消云散。"开心就好"会让我们给自己设立一个完美的幻觉，就是我不做这件事不是因为自己懒，而是因为我想让自己开心一点，对自己好一点。

但我们真的开心了吗，真的变好了吗？

◇ 4 ◇

当然，也有很多人总说着"开心就好"，但他们是真的很开心，也真的在越变越好。

"开心就好"在这里绝不是逃避的代名词。我们总说"听从你的内心",但这个内心绝不是懒惰、拖延、退缩,而是真正能够让我们变得更好、更强大的"内心的声音"!

任贤齐曾经有首歌,就叫《开心就好》,歌的后半段讲的是不要那么介怀,开心就好。但是,歌词的前半段是,我天生不爱拐弯抹角就爱往前冲／管他三七二十一先冲一冲再说／就算撞得头破血流／也没关系我不怕痛……

没错,我们说"开心就好"的前提是我们已经拼尽全力,而不是我们还没努力,就骗自己说开心就好。

CHAPTER / 05

十年后的你，一定会感谢今天跟命运死磕的自己

为什么我总是这么"Low"？

<1>

我的微信公众号后台经常会收到类似的留言："Kris，我总感觉自己一无是处，什么优点都没有。""Kris，为什么我做什么事都是三分钟热度，激情一会儿就褪去了，到现在30岁了还是一事无成？""Kris，我以前在学校做过小记者，写过好多文章，以为自己肯定有写作天赋，可是我做公众号写了这么久，粉丝还只是一点点，看来我的水平还是太'Low'了。"

用李笑来老师的话说，就是"相信我，你并不孤独"。在生活里，很多人都有这样的困惑，觉得自己"Low"，换句话说就是感到自卑。

而自卑的来源多种多样，但最大的一种是没有成就感。

你给自己列了那么多计划——看书、上课、考试、跑步，可是每

舍得对自己下狠手，
生活才会对你温柔

件事都是浅尝辄止，你过不了几天又过上了猪一样的生活。

于是，恶性循环形成了。因为没有成就感，你越发自卑，感觉天下没有比自己更"Low"的人了。

那么，问题来了：怎么让自己有成就感？

2

因为之前的文章，大家在评论我时有两个极端：一种是"大神啊，我要膜拜"；一种是"大叔啊，你身体吃得消吗"。

关于这两个问题，我想说：一我不算大神，二我身体很棒。其实造成第二种误会的根本原因是，他们觉得我每天要做的事情太多了，我要工作加班，要复习考试，还要跑步减肥，一天就24小时，我应付得过来吗？

错了，你们看错了，这些事情可不是并行着来的，不然我早归西了。

我在很早的一篇文章中就提到过：你一定要在某个时间段，给自己设定一个主题目标，仅仅一个。

有些人总是把计划表列得满满的，恨不得除了睡觉，就是执行各种学习成长计划，把一分钟掰成两半过。但人是有极限的，你这种满负荷的工作状态，能撑得了一周，恐怕撑不过一个月。

所以，你要让自己有成就感，就要在某个时间段内专心地把一件事办成！你看我跑步减肥那段时间，基本上是没看什么书的，你看我复习考试那段时间可是暴涨了15斤的。

我也想两者兼顾，但是精力有限，事情不可能都完成。把自己逼得太狠，反而像弹簧一样绷得太紧，早晚会断。

3

我的策略就是，在某个时间段全身心地投入一件事。当你把这件事搞定之后，那种成就感满满的感觉极其爽！哪还有什么自卑呢？

比如，最近读者们发现我的公众号从以前的间歇性更新，变成每日更新了。为什么？因为我这段时间又给自己定了个自虐的目标——持续更新公众号。

为了让目标执行可以量化，我给自己的具体目标是，用100天使公众号的粉丝变成5万。

我把这个目标的完成进度都放在了自己的周记里，一是记录，二是让周记群的小伙伴监督，三是我希望通过周记记录的方式，能够让周记群的小伙伴看到一件事是怎么干成的。

舍得对自己下狠手，
生活才会对你温柔

每一周，我都会对目标的完成情况做分析、做总结，想想粉丝为什么涨得快，为什么又变慢了，在分析完了之后提出改进策略。

4

以我最近做公众号为例，我来说说怎么才能干成一件事？

来来回回无非就那几个步骤：

确定目标，而且是逐步给自己制定能完成的目标。

我当时仔细分析了自己公众号涨粉的数据，基本上只要我持续更文，每天可以增长150个粉丝。最终我决定用30天让自己的粉丝从当时的24000增长到50000，每天平均增长186个粉丝。

目标确定了，接下来就是列计划。

既然粉丝目标定下来了，我就要想怎么才能涨粉。无非就三个途径：努力写"爆文"获得转载；通过挑选优质公众号互相推荐；开设相关课程实现IP建设和导流。那么在这三个途径里，第三个我基本做不到，因为前两个做完，我基本上没什么时间来打磨课程了。所以，我要确定把前两种方法落实到精确的目标上，也就是说，每周7天我要计划写多少篇可以投稿的文章，多少篇与读者们交流的文章，以及多少篇互推的文章。于是，计划就这么愉快地确定啦。

CHAPTER / 05

接下来最重要的事,就是执行,坚定地执行。

有些人是"计划先生",永远在列计划,永远在废除计划,经常安慰自己别对自己这么狠。

喜欢和自己握手言和是我们的通病,但计划只是空中楼阁,充其量你只是画了个设计图而已,你画得再好看,还是得一砖一瓦地盖才行啊!所以,你先别着急说自己"Low",当你用尽全力干成一件事之后,会进入一种良性循环,因为那种成就感会推着你走向另一个新的领域,再去干另一件事。

当成就感满满的时候,你会发现:原来我也是很棒的!

舍得对自己下狠手,
生活才会对你温柔

没有野蛮生长,何谈精耕细作?

◆ 1

我最近重新看了《伟大的博弈》这本书。

读研那会儿,因为我分管研究生会的学术论坛,所以有幸邀请到了祁斌博士(《伟大的博弈》这本书的译者)做了一个多小时的讲座,主题是,中国金融的现状与未来。

其实,他讲的内容我已经记不太清,但是我至今都将那次讲座视为我在校生涯中听过的最棒的一次讲座。

我对祁斌博士说的两个事印象特别深刻:

第一,他和豆瓣的创始人阿北是清华大学的同班同学,我后来在豆瓣上查这本书,第一篇书评果然是阿北写的。

第二,他鼓励每个同学都去读一读这本书,了解一下华尔街的变迁史。他希望每个年轻人都能了解金融史，甚至投入国家的金融建设之中。

2

我去年在上海出差的时候，和一位直系学长聊天，他不到35岁就已经成为公司的中层领导了，掌握着无数资源。

我以一个学弟的身份问了他一个问题："您是如何这么快就能取得这么好的成绩的？"

学长很坦诚，说了4个字：野蛮生长。

他回忆，当初他保研失败，毕业之后就进入了一家公司的财务部，没几天就被发配到上海做了财务经理。

"才刚毕业，就做了财务经理，我可是真的什么都不会啊！"

"怎么办？只能硬抗。"他笑着说，"那会儿我是真正的'单身加班狗'，因为白天有很多事务性工作，而且很多工作我都不了解，根本没有时间学习。我只能靠晚上熬夜解决白天的问题，然后抽出时间来学习专业知识。"

去上海的第一年，他整整瘦了20斤，因为他每天都是在焦虑中度过的。

舍得对自己下狠手，
生活才会对你温柔

他那会儿的想法很简单："不能给学校丢人啊！"读了书还不是很懂，他就去找各种专家咨询，他说自己最不要脸的时候，就是来上海第一年。

很多学长、老师都被他问怕了，因为他经常会直接打电话过去。从怎么开票到怎么报税，再到怎么和客户、供应商吃饭喝酒，所有的这些他都疯了似的去学、去啃。

一年之后，用他的话说就是"公司的账，我已经一清二楚了，根本不担心下边的人骗我"。其实下边的每个人都要比他年长很多。

我们总是说"一万小时定律"，但一万小时并非仅仅是时间的概念，如果你没有效率，花多少时间都是白费。

3

最近我看了刘润在《5分钟商学院》中的一篇文章，我也第一时间分享给了周记群的小伙伴，因为他写得非常实用和中肯。

他提到作为一个行业顾问，最重要的能力就是快速学习，他把快速学习的时间限定在20小时。

你需要理解整个行业80%的内在逻辑，才能提出自己的见解和问题。当然，这种快速学习的能力是建立在长期训练和积累的基础之上的，但是对于我们这些初学者来说，大量集中的阅读和练习，确实能够让人在某一个领域获得快速成长，这一点我在工作中深有体会。

那么，下面我和大家一起来分享一下快速学习的秘诀。

第一，大量泛读。

我们从小有一个坏习惯，就是学习一方面知识就去读一本行业里最好的书，但其实这是有失偏颇的，就像我们没有作战地图就要开始打巷战一样，这样只能适得其反。

应该怎么做呢？你可以先上豆瓣网，搜索关键词，找到评价最高的3本书，通过"买这本书的人，还买过哪本书"的方法再选5本，最后加2本不畅销但系统性明显更强的书，开始泛读。当然你在泛读的过程中要注意以下几点：

1.用5分钟时间看自序，5分钟时间看目录，因为整本书的逻辑框架都在这里。

2.用15分钟时间进行泛读，要点是略过故事、略过案例、略过证明，然后要标注概念、标注模型、标注共识、标注核心观点。

3.最后再用5分钟时间简单回顾，记录下自己的困惑、问题、想法，用一个长一点的下午，或者再加上一个晚上的时间，高强度地把10本书读完。

第二，建立模型。

好好睡一觉，让知识在你的大脑中自由地碰撞、连接、融合。第二天早上，用最清醒的3小时建立模型。

然后你可以找一面巨大的白板墙，把标注的概念、模型、共识写在即时贴上，接着把即时贴贴到白板上，再用白板笔和板擦建立、修正他们之间的关联，使其逐渐形成系统模型。

第三，求教专家。

经过努力思考和研究之后，如果你还有不清楚的地方，就要求教真正的专家。刘润提到，当时他在研究"虚拟现实（VR）"的时候，找了一个专门投资虚拟现实的基金公司登门拜访。他们在一年之内看了200多个虚拟现实的创业项目，然后他求教了两个小时，对于很多问题瞬间就明白了。

第四，理解复述。

你花了5小时泛读，3小时建模，2小时求教，剩下的10个小时可以花在复述上了。

"费曼技巧"告诉我们，用你的语言把你的模型讲给别人听，你很可能会发现，你讲着讲着就讲不明白了。或者你觉得自己讲明白了，别人就是听不懂。这些地方，就是你最薄弱的环节。

针对这些薄弱的点，你需要再次精读，重新理解，重新复述，并形成循环。

以上就是刘润的"20小时快速学习法"的精髓整理。我在读这篇文章的时候，发现其实很多内容和我的一些方法是不谋而合的。比如我在准备某一门考试的时候，先大量输入信息，建立整体框架，然后建立知识链接，接着重点突破。我曾经写过一篇文章，提到了自己的一种记忆方式——"雕刻记忆法"，我想象着把自己读到的重点信息一点点雕刻到自己的脑子里，这个方法也是我在大学熬夜突击考试时的法宝。

不过说到底，快速学习再怎么学，学的也只是皮毛，你唬唬人可以，真要解决问题，恐怕还是要有足够的积累才行。

以前我总是鄙视那些所谓的"速成"理论，觉得那都是骗人的玩意儿，但是当自己的知识储备逐渐积累起来之后，我才发现不同领域的内容之间也有相通的地方，那些就是可以"速成"的部分。

所以，我们大可以以野蛮生长的姿态"跑马圈地"，建立自己对于新行业、新领域的概念，再去逐步精耕细作，精益求精，这才是事半功倍的捷径。

舍得对自己下狠手，
生活才会对你温柔

99.9% 的优秀还不够吗？

我先给大家讲个故事：

二战时，伞兵成了英军破敌的尖刀利器，但是因为降落伞的安全问题迟迟得不到解决，英军和降落伞供应商之间的分歧严重。

供应商觉得：我们都已经把降落伞的合格率提高到 99.9% 了，你们怎么还不满意？要知道，这世界上没有一个产品的合格率能比我们更高了！

但英军却坚持必须让合格率达到 100%，因为 99.9% 的合格率就意味着，1000 个伞兵战士奔赴战场，最后必然会有一个战士因装备的缺陷而死。

双方交涉无果后，英军最后出了一个狠招儿，他们要求供应商从每批降落伞中挑选一个，让他们的负责人装在身上，亲自跳伞！

于是，奇迹出现了，降落伞的合格率迅速达到了 100%！

CHAPTER / 05　　十年后的你，一定会感谢今天跟命运死磕的自己

其实，在我们的生活中，也经常会遇到99.9%与100%的问题。你负责的一项工作看起来已经做得足够好了，但其实你心里清楚，这离自己心目中的完美还是有那么一点点距离的。

但因为各种各样的原因（通常是因为自己有那么一点点懒惰），你也就把99.9%的成果直接提交了。当然，或许你可以侥幸过关，甚至还可能得到领导的赞赏，但你也清楚自己原本可以做得更好。

既然99.9%的优秀同样能获得赞赏，那做到100%又有什么用呢？

别忘了，这里的99.9%和100%仅仅是你自己做的预期和假设，你以为的99.9%，领导可能认为是100%，也可能会认为是一文不值。

当你把那些连自己都无法完全认可的东西交给领导的时候，相信我，上面提到的被赞赏，只能是一种幻觉。

之前我写过一篇文章叫《差不多先生》，讲的就是那些凡事追求"差不多"就行了的人。不过每个人都有不同的追求，也有不同的人生，但对于那些抱有强烈的求知欲与责任感的人来说，他们绝不仅仅满足于"差不多"。

当年乔布斯研发Mac笔记本，给员工下了一道死命令，这道命令几乎是不可能完成的任务：因为传统风扇的体积巨大，无法达到乔布

舍得对自己下狠手，
生活才会对你温柔

斯对于轻薄电脑的要求，所以他让员工必须把电脑的厚度大幅减小。

第一次成果提交，乔布斯说不行；第二次成果提交，乔布斯又说不行……员工们被乔布斯折磨得想哭，但就是这种追求完美的精神，成就了人类历史上一台伟大的电脑产品。

当然，这世间没有所谓的完美，时间管理法则也教导我们，千万不要过于追求完美，先做了再说。但是对于我们大多数人来说，要么根本没有所谓的完美主义，从来都是"差不多"就行，要么那只不过是自己不断拖延的借口。你是不是觉得一击即中？反正我是这样子的。

有一句话是这么说的：人的最高境界就是追求完美，在追求的过程中，你需要做的仅仅是比别人多走一步。

没错，没有最好，只有更好。每天只进步一点点，至少让自己满意，这就够了，至于你是否能成功，只需要交给时间。

CHAPTER / 05

十年后的你，一定会感谢今天跟命运死磕的自己

格局决定结局

"我已经四十岁了，除了这只猪，还没见过谁敢于如此无视对生活的设置。相反，我倒见过很多想要设置别人生活的人，还有对被设置的生活安之若素的人。因为这个原故，我一直怀念这只特立独行的猪。"

——王小波《一只特立独行的猪》

1

我和高中同学聚会的时候，因为好久不见，聊完近况我们又回到了不变的主题——回忆，追忆一下当年一起战斗的岁月，扯扯年少无知时的各种绯闻，当然还要评论一下学校里的一些"奇葩"。

有人提起那年在复读班里的一个男生Z,大家立刻来了劲头,当年Z可是我们这些应届生中的"反励志"人物。

因为Z完美地演绎了天才是如何堕入凡尘的,这种经历虽然不是正面励志,却总能让我们优越感爆棚,看着以前比自己牛的人变得没自己牛,那种虚假的成就感让我们误以为是自己变得更牛了。

还真有人知道他的现状,他在创业。对于他的这个举动,我们一点儿都不感到惊讶,因为他是"奇葩"啊,创业正常得很。

"已经开了十几家分公司了……"

"……"全场哑然。

"最开始的时候,他很苦,一个人住了两年地下室,他做的是一个公益项目,给残疾儿童做听力康复方案,之后他开始转战商业。因为国内的听力市场很混乱,所以他总是在朋友圈里说一定要改变这个行业。因为掌握了很多资源,他把自己的事业逐步做大做强,现在团队已经越来越大了,融资已经融了两轮了……虽说公司依然是亏损状态,但看起来已经走上正轨了。"

在回家的路上,我一直在回忆当年的Z,他从小学、初中时代的全县前三,再到后来高考的名落孙山,虽然他最后复读一年上了北京的一所211大学,但是从清华、北大的种子选手变成一个普通本科生这种经历,总为我们这些人所津津乐道。我们都把他的堕落原因归结于——他是"奇葩"。

在大家都奋力拼搏准备高考的时候,他突然开始疯狂地看起各种名人传记来。我们经常会看到他在校园里,一边走一边嘴里念念有词,用我们的话说是"神神叨叨"。据说当年高二的时候,他还跟家里提出退学去北京创业的要求,我们都觉得他疯了,包括他父母。

作为我们公认的"奇葩",他从此在我们的"朋友圈"里慢慢消失了。而当我们按照最正统的方式上学读书、毕业求职,一步步成为芸芸众生的时候,那个曾经被我们嘲笑为"奇葩"的Z,已经成为一家蒸蒸日上的创业公司的CEO。

仔细想想,这其实并不复杂。我们从小接受的都是最传统的教育,我们几乎只有一条路可以走,而Z在这种正统的教育环境下就会显得格格不入。而当商业时代来临时,我们依然走着传统的路给别人打工,而他的创业者思维则支撑着、推动着他做出属于自己的事业。

这就是我们的思维局限。

舍得对自己下狠手，
生活才会对你温柔

2

当年支教的时候，我最喜欢给孩子们讲的就是我高中时候的一个同班同学的故事，那会儿他有个外号叫"装货"。

为啥？因为这哥们儿太能装了！

高二分科之后，他去了文科班，我们留在了理科班。既然都分科了，那就好好学习那些高考要考的科目就行了，这哥们儿不行，照样把物理、化学、生物当成主科来学，甚至经常跑到我们班找那些理科好的同学问各种难题……我们这些"唯高考论"的人，十分不理解：既然高考都不考了，干吗还这么拼命？

那时候年轻，我们很喜欢把天赋摆在至高无上的位置，认为只有那些不用功还能考好成绩的人才是真厉害，他则很不幸地被我们排除在外。分科之前虽说他成绩不错，但绝不是顶尖，尤其是他的数理化成绩，他每天"吭哧吭哧"地做题却总也拿不了高分，于是我们给他的评价就是"一个不太聪明的家伙"。

但是在分科之后，境况彻底扭转了，因为理科成绩不再加入总成绩，他的成绩优势就开始显现了。

从最初的全年级前十五，一步步到前五、前三，最后高考的时候，他考了全县第一，同时还是全市第一，更让我们大跌眼镜的是这小子竟然考了全省文科第二名！

最后，他进了北大中文系，这个曾经被我们嘲笑"笨"的人，成了所有人眼中的传奇！

3

这种逆袭的故事真的太多了。

本科时，隔壁寝室有个同学，因为高考移民，他从河南辗转到西藏考进了我们学校。大学4年，他有两个壮举无人能敌：一是拥有200斤的体重，二是挂了10门课，这都是前无古人，后无来者的。

虽然大学时候大家对成绩没那么在意，但多多少少还是给他贴了个标签——一个懒到家的胖子。

大三的时候，大家要么准备考研，要么开始实习。有一家建筑央企来学校招人，他们不看成绩，要求是会计学院的男生，能出差就行。于是，他成了我们学校第一个拿下录取通知的人。大家都劝他："着什么急，这公司也不算最优选择，干吗不再等等看？"他倒是气定神闲："去哪儿不是去，有个工作就行。"

毕业之后，他被外派到了非洲的刚果，我们经常看到他在人人

舍得对自己下狠手，
生活才会对你温柔

网上发一些他和黑人兄弟的合影。3年之后，听说他回北京把房子买了，今年他终于结束了外派生涯，算下来他在非洲待了整整8年啊！

8年的外派，让他从一个年轻的小会计，慢慢熬成了当地最有资历的项目经理，因为大部分人在那儿待一两年就待不下去了。而他，耐得住寂寞，守得住事业。

在他的接风宴上，我们问他：怎么舍得抛弃黑人兄弟回来啦？

他给我们看了张照片，是他刚注册的一家公司——他摇身一变成老板了！

没错，靠着这8年高昂的外派补助，他早早地在北京买了不只一处房产！经过8年积累，他决定辞职单干了。

我时常在想，这些人到底是如何实现逆袭的？是他们运气好吗？是他们足够努力吗？是他们规划得详细吗？都不是，而是因为他们有与众不同的思维。

我们在大众的眼光里努力，而他们在独行的世界中奋进；我们在功利的环境下求生存，而他们却早已有了更高的格局；我们看起来美好，却日复一日地在平淡中消磨意志，而他们却选择在孤寂中砥砺前行。

当我们嘲笑他们时,他们执着地前进,听不到任何声音,而最后我们发现,他们用加速的成长给了我们一记记响亮的耳光。